RESTAURONS NOTRE TERRE

Écrit par:
Team Care for the Creation
(Équipe Soin Pour La Création)

Edité par:
Dan Fountain

Publié par:
ECHO, Inc.®
North Fort Myers, Florida
www.ECHOcommunity.org

Dan Fountain, M.D.
1805 Turban Court
Fort Myers, FL 330908, USA
defountain@king.edu

Publié par :
ECHO, Inc. 17391 Durrance Road, North Fort Myers, FL 33917-2212.
ISBN: 978-1-946263-23-0

TABLE DES MATIÈRES

Chers frères et soeurs,

Dieu a crée un monde merveilleux. Il a couvert la terre de forêt, d'herbes et d'eau. Il a créé de nombreuses sortes d'animaux, d'oiseaux et de poissons. Il a enfin créé l'homme et la femme et leur a dit de dominer sur la terre avec lui. La forêt, la terre et l'eau produisaient suffisamment de nourriture et de ressources pour tout ce que Dieu avait créé.

Cependant, peu de temps après, l'homme et la femme ont décidé de se détourner de Dieu et de faire ce qu'ils voulaient de la terre, de la forêt et des animaux. Après de nombreuses années, la forêt a commencé à disparaître. La terre ne produisait plus assez de nourriture. Plusieurs sources d'eau, et même des ruisseaux et des lacs se sont asséchés. Aujourd'hui, un grand nombre des ressources merveilleuses que Dieu avait créées pour nous a disparu. Il y a souvent la famine et on a des difficultés pour avoir assez de nourriture et d'eau pour vivre.

Quoique nous nous soyons détournés de Dieu, lui ne nous a pas abandonnés. Il nous a donné un livre qui nous procure beaucoup de sagesse sur la conduite de notre vie et même sur comment cultiver. Nous l'appelons la Bible. Dieu est réellement devenu homme sous le nom de Jésus, qui a vécu parmi nous, nous a enseigné sur comment travailler ensemble dans la paix, et nous a donné la possibilité de nous rapprocher de Lui. Dieu nous a donné un bon esprit pour réfléchir, étudier la nature et découvrir, par la science, les lois que Dieu a établies dans toute la nature.

Ce livre parle d'un pasteur et son épouse qui ont vu ce qui arrivait à la terre. Ils étaient convaincus que Dieu n'était pas content de ce que nous faisons à la terre. Ils ont décidé de découvrir de Dieu et de ce qu'ils pouvaient apprendre par l'observation de la terre, la façon dont nous sommes censés nous occuper de celle-ci. Ils ont commencé à opérer des changements, et ensuite à aider les autres dans l'église à faire de même. Bientôt, ils avaient plus de nourriture à manger, une bonne eau à boire et une bonne santé. Les gens habitant dans les environs s'y sont intéressés et ont demandé au pasteur de les aider. En travaillant ensemble, en apprenant de Dieu, de la science en apprenant les uns des autres, ils ont commencé à restaurer la terre.

Regardez votre communauté et la terre autour d'elle. Que voyez-vous en train d'arriver aux arbres et à la forêt? Votre terre produit-elle beaucoup de vivres? Les animaux vous procurent-ils de la nourriture et des ressources? Ou voyez-vous qu'il y a des problèmes avec tout ceci ? S'il en est ainsi, ce livre est destiné à vous et à votre communauté.

Ce livre n'est pas destiné à une simple lecture, mais c'est un livre d'étude avec votre famille, vos amis et voisins. Lisez ce que le Pasteur Simon a dit. Voyez ce qu'il a fait et écoutez ce dont il discute avec les autres. Étudiez ensuite votre propre situation. Essayez de déterminer comment le Pasteur Simon a procédé pour résoudre les problèmes de la terre, de la forêt et des sources d'eau. Apprenez de lui comment résoudre des problèmes similaires que vous pourriez avoir. Commencez par discuter de ceci avec d'autres personnes afin de découvrir ce que vous pourriez faire ensemble pour restaurer la terre. En restaurant la terre, nous commençons à trouver la vie meilleure que Dieu veut que nous ayons.

Le pasteur Simon a trouvé des principes importants dans la Bible concernant la vie et l'agriculture. Il a même trouvé des suggestions pratiques concernant la terre, l'eau et les animaux. Il a aussi observé la terre et a découvert des moyens pour la rendre de nouveau fertile. Jean, le neveu du pasteur Simon, qui poursuit des études en agriculture, l'a aussi aidé à trouver les meilleures façons de s'occuper de la terre.

A la fin de chaque chapitre, il y a des questions d'étude. Réfléchissez-y vous-même et discutez-en avec d'autres. Elles peuvent vous aider à trouver des réponses à comment améliorer de la meilleure façon la terre et les ressources que Dieu nous a données. Ensuite, parlez de ce que vous pouvez faire tous ensemble pour prendre soin de la terre, la forêt, et de fait, de toute la création.

Les personnages figurant dans ce récit sont:

- Simon, pasteur de l'église de Katindi
- Virginie, son épouse
- Jean, son neveu qui étudie à l'école agricole
- Moïse, chef de la communauté de Malenga
- Robert, directeur de l'école secondaire de Katindi
- Rebecca, une enseignante d'école
- Yvonne, infirmière
- Roger, charpentier à Katindi
- David, agriculteur à Katindi
- Beaucoup d'autres de Katindi et des communautés environnantes

Lisez ce qu'ils ont appris du pasteur Simon, et des uns des autres. Voyez comment ils ont étudié les problèmes et ce qui pouvait être fait pour les résoudre. Regardez les différentes méthodes qu'ils ont utilisées pour améliorer leur agriculture, contrôler les animaux, restaurer la forêt, ainsi que pour améliorer le secteur économique dans leur communauté. Ils ont appris de Dieu, de la Bible qu'il nous a donnée et des découvertes de la science pour savoir comment améliorer nos vies et restaurer notre terre.

Suivons leur exemple avant que la destruction de la terre et de la forêt n'aille plus loin. Si cette destruction continue ainsi, il sera un jour impossible de les restaurer. Il est temps aujourd'hui de restaurer la terre ainsi que ses nombreuses ressources que Dieu a mises à notre disposition. En travaillant ensemble et en tirant connaissance de la sagesse de Dieu et de la science, nous pouvons réussir à restaurer la terre et améliorer nos vies.

Beaucoup de gens ont collaboré à la rédaction de ce livre. Certains d'entre eux vivent et travaillent en Afrique. Un agriculteur au Zimbabwe forme d'autres fermiers là-bas sur comment pratiquer l'agriculture à la manière de Dieu. Certaines de ses idées se trouvent dans ce livre. Vous pouvez en savoir davantage sur lui sur le site http://www.farming-gods-way.org/.

Un autre groupe travaille en Afrique de l'Est. Vous pouvez en savoir plus sur leur travail en visitant le site www.careofcreation.org.

Un autre groupe encore travaille en République Démocratique du Congo. Voici leur site: www.sanru.org.

Un groupe d'experts en agriculture aux Etats-Unis d'Amérique, travaille dans un Centre de Recherche et de Formation Agricoles nommé ECHO. Un grand nombre de leurs idées se trouve dans ce livre. Voici leur site : https://www.echonet.org/.

Si vous avez accès à l'internet, vous pouvez trouver beaucoup de bonnes choses à partir de ces sites. Tous travaillent ensemble pour enseigner la sagesse de Dieu aux gens qui veulent améliorer leurs vies, avoir de la bonne nourriture en abondance et reconnaître la vie que Dieu nous a donnée par son Fils Jésus-Christ qui veut que nous ayons une vie abondante.

Cordialement vôtre

Le comité de développement de l'église

CHAPITRE 1

La terre est à Dieu, qui nous a chargés de sa gestion et de sa protection

Le village de Katindi est situé sur une colline. Environ mille personnes habitent le village. Autour de Katindi il y a des champs et des jardins appartenant aux membres de la communauté. Plus loin se trouvent de hautes collines, dont certaines sont vraiment hautes. Il y a plusieurs années de cela, ces collines étaient couvertes de forêt. De nos jours, la forêt a presque disparu, remplacée par de petites fermes et des pâturages. Des ravines assez profondes ont laissé des marques sur les collines à plusieurs endroits.

Dans le village de Katindi, il y a une église. Le pasteur de cette église, Simon Mavula, travaille avec ardeur pour aider la population de Katindi à comprendre la Parole de Dieu. Il dit aux gens que la Parole de Dieu est très importante pour chaque aspect de notre vie. Les membres de sa congrégation se réunissent souvent avec lui pour discuter des moyens d'améliorer leurs vies. Ils reconnaissent que la volonté de Dieu est que nous soyons en bonne santé, que nous ayons suffisamment de vivres, et que nous ayons la vie abondante que Jésus est venu nous donner (voir Jean 10.10). Ils comprennent également que pour obtenir ces bonnes choses, ils doivent beaucoup travailler. Ils doivent comprendre la Parole de Dieu et ses lois, et les mettre en pratique.

Il y a quelques années, un groupe de fidèles de l'église s'était réuni un soir chez le Pasteur Simon pour une étude biblique. Ils étaient en train d'échanger sur l'histoire du Jardin d'Eden, qui se trouve dans le deuxième chapitre de Genèse, le premier livre de la Bible. David, un agriculteur, avait pris la parole.

« Pasteur, la Bible dit que Dieu avait planté un jardin à Eden. Dieu était-t-il agriculteur ? »

Le pasteur Simon et les membres de son église

Dieu était-il agriculteur?

« Il est agriculteur effectivement, » dit Simon. « Qui, pensez-vous, a planté tous les arbres dans le monde avant qu'il ne crée l'homme? Y avait-il du maïs dans le monde à cette époque, du mil, du riz et du blé? La Bible ne nous explique pas tout cela. Mais je suis sûr que ces choses existaient avant la création de l'homme. Dieu a créé ces aliments. Il les a plantés ici sur la terre pour nous. Donc vous voyez, David, si Dieu est agriculteur, alors la vocation d'agriculteur est une vocation magnifique. »

« Tiens! Je n'y ai jamais pensé de cette façon », répondit David.

Rebecca, une enseignante, dit: « La Bible dit que Dieu a planté des arbres fruitiers et d'autres sortes d'arbres pour donner de la nourriture. Est-ce vrai ? »

« Bien sûr, répondit le pasteur. La Bible nous dit toujours la vérité. En réalité, Dieu a créé des centaines d'espèces d'arbres fruitiers, dont un grand nombre se trouve ici parmi nous. Nous pourrions avoir encore d'autres variétés d'arbres fruitiers si nous savions comment les planter et nous en occuper. »

Robert, le directeur de l'école, dit : « En plus de cela, Dieu a créé des milliers d'espèces d'arbres – des arbres pour la forêt, d'autres pour les prairies, certains pour les collines et les montagnes, et d'autres pour les vallées. Il a créé une très grande variété d'arbres. Tous ces arbres se développent bien ensemble pour rendre la terre belle et productive. »

Arthur objecta: « Je ne vois pas beaucoup d'arbres ici autour de nous. Où sont tous ces arbres fruitiers et les autres espèces que Dieu a créés? »

Le Pasteur Simon lut le verset 15 du chapitre 2 de Genèse : *L'Eternel Dieu prit l'homme et le plaça dans le Jardin d'Eden pour le cultiver et pour le garder.*

« Voici le problème, dit-il. Nous n'avons pas bien pris soin de la terre, des sols, des arbres, de la forêt et des aliments que Dieu a créés. C'est pour cela que nous n'avons pas la vie abondante que Jésus veut que nous ayons. C'est une chose très sérieuse à laquelle nous devons réfléchir. Je parlerai de cela le dimanche prochain pendant le culte. »

Le dimanche matin, ils étaient nombreux à venir à l'église. Ils voulaient entendre ce que le pasteur allait dire en ce qui concerne la forêt et la terre.

Le pasteur lut une parabole que Jésus a racontée au sujet d'un homme qui avait planté une vigne. L'homme l'avait ensuite louée à d'autres personnes pour qu'elles en prennent soin. Nous trouvons cette parabole dans l'Evangile de Marc au chapitre 12. Voici la parabole:

> *Un homme planta une vigne. Il l'entoura d'une haie, creusa un pressoir, et bâtit une tour; puis il l'afferma à des vignerons, et quitta le pays. Au temps de la récolte, il envoya un serviteur vers les vignerons, pour recevoir d'eux une part du produit de la vigne. S'étant saisis de lui, ils le battirent, et le renvoyèrent à vide. Il envoya de nouveau vers eux un autre serviteur ; ils le frappèrent à la tête, et l'outragèrent. Il en envoya un troisième, qu'ils tuèrent ; puis plusieurs autres, qu'ils battirent ou tuèrent. Il avait encore un fils bien-aimé ; il l'envoya vers eux le dernier, en disant : Ils auront du respect pour mon fils. Mais ces vignerons dirent entre eux :*

Le vignoble représente notre terre et forêts

Voici l'héritier ; venez, tuons-le, et l'héritage sera à nous. Et ils se saisirent de lui, le tuèrent, et le jetèrent hors de la vigne. Maintenant, que fera le maître de la vigne? Il viendra, fera périr les vignerons, et il donnera la vigne à d'autres. Marc 12:1-9

Le Pasteur Simon expliqua cette histoire à la congrégation. Il dit que Jésus avait raconté cette histoire pour montrer comment les dirigeants des Juifs le traitaient et ce qui allait lui arriver. « Cependant, dit le pasteur, cette parabole a un autre sens pour nous aujourd'hui.

« L'homme qui a planté la vigne, c'est Dieu. La vigne, c'est la terre qui nous procure de la nourriture et beaucoup d'autres choses dont nous avons besoin. La vigne comprend nos villes et villages, la forêt, les fleuves et les sources d'eau. Nous sommes comme les gens dans l'histoire qui ont loué la vigne. La vigne appartient à Dieu. Cela veut dire que la terre sur laquelle nous vivons et que nous cultivons appartient à Dieu. Il nous en a confié la responsabilité pour bien en prendre soin.

« Dans la parabole de Jésus, l'homme a lui-même construit un mur autour de la vigne. Il a creusé une fosse pour le pressoir. Il a érigé une tour de garde. Toutes ces choses étaient ce dont ces gens avaient besoin pour prendre soin de la vigne, la protéger, et en tirer une bonne récolte.

« Dieu nous donne ce dont nous avons besoin pour prendre soin de la terre qu'il nous a donnée. Cela comprend l'intelligence pour réfléchir, étudier et avoir la connaissance dont nous avons besoin pour prendre soin de la terre. Nos corps robustes nous permettent de travailler dur. Il nous a donnés des familles, des amis, et des communautés. Nous devons travailler dur pour prendre soin de ce que Dieu a fait et ce qu'il nous a donné. »

Il marqua une pause dans son message et regarda à travers une fenêtre du bâtiment de l'église. « Il y a des années de cela, nous avions de grandes forêts sur les collines et même près du village. Mais nous avons abattu la plupart d'entre elles. La source d'eau au pied de cette colline là-bas où était la forêt a séché. Le sol de nos champs est devenu pauvre et produit peu de nourriture. Nous n'avons pas bien pris soin de la vigne que Dieu nous a donnée. Je vous invite à la maison cet après-midi pour que nous puissions discuter de cela. »

Discutant le problème de la terre appauvrie

Dans l'après-midi du dimanche, un groupe de fidèles de l'église se rendit à la maison du Pasteur Simon pour causer. Les idées de son message étaient nouvelles pour eux. Certains n'avaient pas aimé ce qu'il avait dit. Ils pensaient que le pasteur avait dit qu'ils avaient mal agi. Tous avaient des questions à poser pour en savoir davantage.

David, l'agriculteur, prit la parole. « Mes champs m'appartiennent. Le chef du village les a donnés à mon grand-père et depuis ce temps nous les cultivons. Pourquoi dis-tu que cette terre appartient à

Dieu ? »

Toute chose appartient à Dieu

Le Pasteur Simon répondit: « La terre, les champs, la forêt et les sources d'eau appartiennent à Dieu car il les a créés. Ils ne nous appartiennent pas. Dieu a dit à son peuple: 'Toute la terre est à moi.' (Exode 19.5) Nous ne devons pas dire : 'Voici notre forêt, voici nos champs.' Nous devons plutôt dire : 'Voici la forêt et les champs que le Seigneur nous a donnés.' Pour cela, nous devons bien prendre soin de la terre et de toute chose sur la terre que Dieu a créée. Le jour où nous entrerons dans la présence de Dieu, il nous demandera des comptes sur comment nous avons pris soin de ce qu'il nous a donné.

« Nous ne devons pas prendre ce que Dieu nous a donné et le considérer comme le nôtre. Nous ne devons jamais dire : 'Ceci est à moi. J'en ferai ce que je veux. Personne ne peut m'en empêcher.' Cela n'est pas vrai. Si nous utilisons mal ce que Dieu nous a donné, il nous le reprendra. Il le donnera à quelqu'un d'autre, comme dans la parabole de Jésus. »

Anna, la femme de David, demanda : « Tu dis que Dieu a repris la terre des mains des gens car ils ne l'avaient pas bien utilisée ? Où cela est-il écrit dans la Bible ? »

Le pasteur répondit : « Anna, Dieu a donné le pays de Canaan au peuple d'Israël. Ils ne l'ont pas utilisé comme Dieu le voulait. Pour cela, il les a expulsés du pays et l'a donné à d'autres. Vous voyez, Dieu nous donne le merveilleux privilège d'utiliser ce qu'il a créé. Mais il s'attend à ce que nous l'utilisions avec sagesse, à ce que nous ne le détruisions pas. Nous avons détruit la forêt qu'il nous a donnée. Nous sommes aussi en train de détruire le sol qui produit notre nourriture. »

Nous pouvons faire usage de ce que Dieu nous a donné

Roger demanda : « Si la terre appartient à Dieu, comment osons-nous l'utiliser pour produire de la nourriture pour nous-mêmes? »

« Roger, Dieu est le premier agriculteur. Il a planté un jardin magnifique, avec différentes espèces d'arbres, de plantes et de fleurs. Il a créé Adam et Eve. Il les a mis dans le jardin. Il leur a dit de cultiver le sol et d'y produire leur nourriture. Il leur a dit également de bien en prendre soin. Dieu veut la même chose de nous aujourd'hui. Dieu nous a donné la terre pour produire tout ce dont nous avons besoin. Nous pouvons consommer la nourriture produite par la terre. Nous pouvons boire l'eau venant des sources ou des puits. Nous pouvons utiliser les arbres de la forêt pour satisfaire nos besoins.

« Cependant, nous ne devons pas détruire ce que Dieu a créé. Nous devons utiliser toute chose avec sagesse et bien en prendre soin. Dieu voit ce que faisons. Si nous faisons de grands efforts pour bien nous occuper de ce qu'il nous donne, Dieu bénira notre travail, et nous vivrons bien. Si nous ne prenons pas bien soin de ce qu'il nous donne mais par contre le détruisons, nous allons le perdre. Dieu nous le retirera pour le donner à une autre personne. »

La forêt a disparu

Le Pasteur Simon se tint debout et montra du doigt la colline au sud. Il dit : « Il y a plusieurs années, sur cette colline, il y avait une grande forêt. Les gens avaient beaucoup d'arbres pour construire des maisons. Des animaux vivaient dans la forêt. On tirait beaucoup de nourriture de la forêt – des fruits de toute sorte, des champignons et de la viande d'animaux.

« Maintenant la forêt a disparu. Nous l'avons entièrement abattue. Nous voulions avoir de grands champs pour produire plus de nourriture de sorte à pouvoir la vendre afin de gagner de l'argent. Nous avons coupé les arbres pour les vendre à d'autres pour la construction de maisons et la confection de meubles. Nous n'avons pas permis aux arbres de repousser. Nous n'avons pas planté de nouveaux arbres pour les remplacer. C'est ainsi que la forêt a disparu. »

Arthur ajouta: « Pasteur, tu as raison. Maintenant nous n'avons plus d'arbres pour construire nos maisons. Nous avons de grandes difficultés pour trouver du bois de chauffe, et nous devons l'acheter. Il est vrai que la source d'eau au fond de la colline a séché. Est-ce parce que la forêt a disparu? »

Rebecca prit la parole. « On dit que Dieu est en colère contre nous et que c'est lui qui nous a arraché la source. Est-ce vrai ? »

« Je ne crois pas, répondit le pasteur. Dans Genèse, chapitre 2, Dieu a dit à Adam que nos actions ont des conséquences. La forêt permet aux eaux de pluie de pénétrer dans le sol pour alimenter la source. Nos ancêtres ont compris ce principe. Ils ont protégé la forêt. Quand nous abattons la forêt, les eaux de pluie ruissèlent et disparaissent. Elles ne peuvent plus s'infiltrer dans le sol et alimenter la source. L'épuisement de la source est de notre faute, pas la faute de Dieu. De plus, à mesure que les eaux de pluie descendent la colline, cela crée de grands ravins, emportant ainsi une bonne partie de nos sols fertiles.

Robert, le directeur de l'école, dit au pasteur : « Ce sont nos ancêtres qui nous ont légués la forêt. Pourquoi dis-tu que c'est Dieu qui nous l'a donnée? »

Avant que le pasteur ne puisse répondre, Yvonne, l'infirmière, prit la parole: « Robert, qui a donné la forêt à nos ancêtres ? C'était Dieu, n'est-ce pas ? Nos ancêtres savaient que la forêt venait de Dieu. Ils savaient qu'ils devaient la garder. Ils nous ont légués la forêt pour que nous en prenions soin. Mais nous avons coupé tous les arbres pour le bois de chauffe et pour faire des jardins. C'est ainsi que la forêt que Dieu avait donnée à nos ancêtres a disparu. Je suis sûre que le Seigneur est mécontent de nous, et il est certain que les ancêtres seraient mécontents de nous aussi. »

Le Pasteur Simon dit : « Ce que Yvonne dit est vrai. Maintenant donc, nous devons parler de ce que nous devrions faire. »

Devrions-nous planter des arbres ?

Robert demanda: « Es-tu en train de dire que nous devons sortir planter des arbres? »

Le pasteur Simon répondit: « Qu'en pensent les autres? »

Roger, un menuisier, dit : « Ce n'est pas notre travail de planter des arbres. C'est Dieu qui plante les arbres, pas l'homme. Si c'est Dieu qui nous a donné la forêt, nous devons lui demander de nous la donner à nouveau. C'est le travail de Dieu, pas le nôtre. »

Le pasteur Simon reprit la parole. « Roger, c'est vrai que l'Eternel Dieu avait planté un jardin appelé Eden. Il avait fait pousser toutes sortes d'arbres de la terre. Ces arbres étaient beaux et beaucoup donnaient de la nourriture. Dieu avait mis l'homme dans le jardin et lui avait dit de le garder. »

Roger répondit immédiatement : « C'est exactement ce que je viens de dire. Dieu est celui qui plante les arbres, pas nous. »

Le pasteur Simon répliqua : « Roger, souvenez-vous de ce que Dieu avait dit : 'Faisons l'homme à notre image.' Ainsi Dieu a créé l'homme à son image, l'homme et la femme. Nous avons l'image de Dieu en nous, l'image d'un Dieu qui plante des arbres. Donc, Dieu nous a créés pour être planteurs d'arbres comme lui !

« Ecoutez ce que Dieu a dit à Adam. 'Je te donne toutes ces bonnes choses afin que tu les utilises. Tu dois beaucoup travailler pour les protéger et en prendre soin.' (Genèse 2.15).

« Vous voyez, Dieu a consenti beaucoup de temps et d'efforts pour créer toutes ces différentes sortes d'arbres. Il a fait cela pour nous aider à avoir beaucoup de nourriture, du bois et la beauté de la forêt pour notre plaisir. Il nous a ensuite créés pour travailler avec lui en prenant soin de la terre et des arbres. Il nous a donné la responsabilité de nous occuper de tout ce qu'il a créé, et de ne pas le détruire. Si nous avons coupé tous les arbres que Dieu avait plantés, comment pouvons-nous lui demander de les replanter pour nous? Nous devons faire cela nous-mêmes. »

Roger fut un peu bouleversé. « Tu veux dire que nous ne devons jamais couper des arbres? C'est ridicule ! »

Le pasteur sourit. « Nous pouvons bien sûr couper des arbres et les utiliser pour construire des maisons et pour d'autres choses. C'est pour cela que Dieu nous les a donnés. Cependant, lorsque nous les coupons, nous devons planter d'autres pour les remplacer. C'est de cette façon que nous devons prendre soin de la forêt. Ainsi, la forêt ne disparaitra pas. »

La forêt et les oiseaux

Un vieil homme qui avait plusieurs enfants et petits-enfants prit la parole. « Pasteur Simon, j'ai observé que nous n'avons plus beaucoup d'oiseaux. Il y a de cela plusieurs années, lorsque j'étais jeune, nous avions beaucoup d'oiseaux autour de nos maisons, dans les champs et dans la forêt. J'aimais beaucoup les entendre chanter. Mais maintenant j'entends rarement des oiseaux chanter. Les oiseaux ont-ils disparu du fait de la disparition de la forêt? »

« Exactement, répondit le pasteur. Les oiseaux font leurs nids dans les arbres. Comme les arbres ont disparu, les oiseaux n'ont plus de lieu où faire leurs nids. Donc, les oiseaux s'en vont également.»

Arthur ajouta : « Je ne vois plus les grands oiseaux de proie comme les faucons voler dans les parages. Cela peut être également dû à la disparition de la forêt. »

« Oui, dit le pasteur Simon. Ces oiseaux se nourrissent des nombreux petits animaux qui vivent dans la forêt et sous les arbres. Maintenant que la forêt a disparu, ces petits animaux ont de même disparu. Donc les oiseaux prédateurs sont allés ailleurs. Ils ne mangent plus les rats des champs, les souris et les insectes qui se nourrissent de nos céréales et qui font des dégâts dans nos champs. »

Protéger les arbres et les jardins

David reprit la parole. « Pasteur, il y a deux ans j'ai planté quelques manguiers et deux goyaviers. Au début ils avaient bien poussé. Mais les chèvres de mon voisin sont venues les brouter. Qu'est-ce que je peux faire ? »

« C'est pourquoi l'homme dans la parabole de Jésus avait construit un mur autour de sa vigne, répondit le pasteur. Le mur protégeait la vigne contre les animaux en divagation. Voici un problème sérieux dont nous devons discuter. Nous laissons les animaux aller où ils veulent. Ils entrent dans les champs et les jardins pour détruire la nourriture destinée à notre propre consommation. Nous laissons les animaux agir en maîtres sur les terres. Or, Dieu nous a dit que c'est nous qui devons régner sur la terre et sur les animaux. Il est urgent que nous trouvions des moyens de changer cela et ne plus laisser les animaux régner sur nous ou sur nos terres. »

Arthur parla de nouveau. « Pasteur, l'année dernière, des 'animaux à deux pattes' ont pénétré dans mon jardin et ont pris la moitié de mes arachides. »

Yvonne lui dit: « Tu veux dire que des voleurs ont volé une partie de tes arachides ? »

Arthur répondit: « Bien sûr, c'est ce que je veux dire. Que puis-je faire ? »

Le pasteur Simon dit : « C'est pourquoi l'homme dans la parabole a bâti une tour dans la vigne. Une sentinelle se tenait sur cette tour lorsque les grappes de raisin étaient mûres pour protéger la vigne contre les voleurs. Nous devons parler des moyens de protéger nos champs contre les voleurs. »

« Mieux encore, dit Yvonne. Si nous vivons selon la volonté de Dieu, il y aura moins de voleurs. »

Arrêter de détruire les arbres et commencer à restaurer la terre

Après une longue discussion les gens décidèrent qu'ils doivent faire quelque chose concernant la terre et la forêt. Le pasteur Simon parla de nouveau : «Tout d'abord, nous avons quelque chose d'important à faire.» Il ouvrit sa Bible au deuxième livre des Chroniques, et lut le verset 14 du chapitre 7:

> *Si mon peuple sur qui est invoqué mon nom s'humilie, prie, et cherche ma face, et s'il se détourne de ses mauvaises voies, je l'exaucerai des cieux, je lui pardonnerai son péché, et je guérirai son pays.*

«Si nous voulons l'aide de Dieu, nous devons nous repentir des mauvaises choses que nous avons faites à la terre sur laquelle nous vivons. Se repentir veut dire deux choses. Tout d'abord, nous devons faire demi-tour. Ensuite nous devons avancer dans le sens opposé. Nous devons d'abord arrêter de détruire la forêt et les arbres, et de mal utiliser le sol. Ensuite, nous devons procéder à la restauration des arbres et du sol, et améliorer les façons dont nous produisons notre nourriture. »

Anna prit encore la parole: « Pasteur, faisons une liste de ce dont nous devons nous repentir, et ensuite des choses que nous devons faire pour restaurer notre terre. »

Le pasteur Simon sourit. « Bien dit, Anna. Ensemble, faisons des suggestions sur les choses que nous devons faire. S'il te plait Rebecca, note sur une feuille de papier les suggestions. »

Le groupe suggéra plusieurs choses, et voici les notes prises par Rebecca:

1. Nous avons trop coupé la forêt. Nous devons permettre à la forêt de repousser et se développer. Il se peut que nous ayons besoin de planter de nouveaux arbres pour restaurer la forêt.
2. Nous avons détruit beaucoup d'arbres fruitiers. Il faut les replanter et même planter de nouvelles espèces qui peuvent nous procurer de la nourriture.
3. Nous avons fait trop de champs et de jardins, et n'avons pas permis au sol de se reposer suffisamment. Ainsi il a perdu sa fertilité. Nous devons chercher des moyens de rendre le sol meilleur pour qu'il produise encore plus de nourriture.
4. Nous devons trouver de meilleurs moyens d'élever des animaux tout en évitant qu'ils détruisent les jardins et les champs.
5. Chaque année nous brûlons de vastes étendues de

prairies et nous détruisons les plantes qui couvrent et protègent la terre. Nous devons discuter de quand il faut brûler les champs et de pourquoi il ne faut plus brûler les prairies.

6. Nous avons laissé la pluie emporter une grande partie de la bonne terre de nos champs. Il faut chercher des moyens d'empêcher l'érosion de détruire nos champs.

Le pasteur Simon dit que tout ceci était bon. C'était là des choses dont ils devaient se repentir, qu'ils devaient arrêter de faire, et ensuite, commencer à travailler ensemble pour poser les bonnes actions. Il dit : « Dieu nous a montré de bonnes choses aujourd'hui et nous devons suivre cette voie.

« Nous pouvons aussi apprendre de l'exemple de nos ancêtres. Avant de défricher un champ, ou avant d'y semer, ils priaient, parce qu'ils savaient qu'ils avaient besoin de la sagesse de Dieu. Nous devons faire de même. Quand ils faisaient leurs récoltes, ils en remerciaient Dieu. Nous ne devons pas oublier de faire cela non plus, car toute bonne chose vient de Dieu. »

Ils acceptèrent tous et commencèrent à prier. Ils confessèrent à Dieu comment ils avaient fait un mauvais usage de la terre, de la forêt et des sols. Ils demandèrent pardon à Dieu. Ils demandèrent ensuite à Dieu de leur accorder de la sagesse pour restaurer la terre et la forêt, et les rendre prospères à nouveau. Ils prièrent et dirent: « Tendre Père qui est dans les cieux, daigne nous montrer tout ce que nous devons faire. »

Et Dieu leur accorda de la sagesse. Au cours des quelques années suivantes, ils suivirent ce qu'ils apprenaient de Dieu et des experts en sol et en foresterie. Ils ont maintenant une belle forêt pleine d'arbres qu'ils peuvent utiliser dans la construction de maisons et comme bois de chauffe. Ils ont aussi de bons arbres fruitiers. Il y a des animaux et des oiseaux qui habitent cette forêt. Le pasteur Simon et les membres de son église et de sa communauté aident les gens d'autres communautés à chercher des moyens de mieux prendre soin de la terre, de la forêt et des sources d'eau que Dieu leur a données, et des moyens de produire encore plus de nourriture.

Questions pour étude

1. *Lisez attentivement Genèse chapitre 3.*

   Pourquoi la femme et l'homme obéirent-ils à Satan et non pas à Dieu ?

   Qu'arriva-t-il à leurs relations avec Dieu, entre eux-mêmes et avec la terre ?

   Comment la désobéissance à Dieu rend-elle le sol infertile ?

2. *Rappelez-vous ceci: La malédiction de Dieu et la malédiction de l'homme sont différentes.*

   L'homme prononce une malédiction afin de blesser ou de détruire quelqu'un ou quelque chose

   Dieu prononce une malédiction comme un avertissement que ce que nous faisons est mal et que cela aura des conséquences néfastes.

3. *Pourquoi Dieu se préoccupe-t-il de la façon dont nous utilisons la terre et la forêt que nous avons?*

4. *Qu'arrive-t-il quand nous ne prenons pas soin de ces merveilleuses ressources?*

5. *Lorsque le sol devient stérile et que les sources d'eau tarissent, est-ce la faute de Dieu, ou la nôtre? Comment savons-nous cela?*

6. *Pourquoi les animaux et les oiseaux s'en vont-ils lorsque la forêt disparaît?*

7. *Faites une liste des problèmes liés à votre terre et à votre forêt.*

8. *Faites une deuxième liste de ce que nous devons faire pour les restaurer.*

9. *Etre agriculteur permet-il d'avoir un mode de vie respectable?*

   Pourquoi en est-il ainsi à votre avis?

10. *La Bible dit que nous devons faire tout pour la gloire de Dieu – 1 Corinthiens 10, 31*

    Comment pouvons-nous glorifier Dieu par l'agriculture ?

CHAPITRE 2

Prendre soin des champs

Le pasteur Simon était heureux. Son neveu Jean allait passer plusieurs semaines chez lui. Le père de Jean était décédé lorsqu'il était âgé de six ans. Quoique le pasteur Simon fut pauvre et avait trois enfants, il avait payé les frais d'études de son neveu. Jean étudiait maintenant dans une école agricole en ville, et il était en vacances.

Un soir, Jean expliqua au pasteur Simon ce qu'il apprenait à l'école. Il lui parla des progrès merveilleux réalisés dans l'agriculture en Europe et en Amérique du Nord. Les agriculteurs là-bas cultivent beaucoup de nourriture, et personne ne souffre de faim. Les enseignants de Jean avaient étudié l'agronomie en Europe et enseignaient à l'école de Jean les méthodes d'agriculture européennes.

« Il y a plusieurs années, dit Jean, nos ancêtres savaient comment cultiver assez de nourriture pour nos familles. La terre était assez fertile et produisait de bonnes récoltes. Ils avaient de vastes terres parce que la population n'était pas nombreuse. Chaque année ils défrichaient la terre dont ils avaient besoin et mettaient leurs cultures en terre. Ils pouvaient ensuite laisser cette terre se reposer pendant cinq ou six ans afin de la rendre fertile à nouveau».

Couper de tous les arbres avant de cultiver

«Au cours des récentes années cependant, la population s'est agrandie. Il n'était plus possible de laisser les champs se reposer pendant cinq ans. La terre s'appauvrissait et ne pouvait plus produire de bonnes récoltes. C'est ainsi que nous avons appris comment les gens pratiquent la culture vivrière sur des fermes en Europe. Les agriculteurs coupent tous les arbres de façon à utiliser un grand espace de terre. Il est très important que chaque champ soit débarrassé d'arbres et de broussailles. De cette façon, les cultures croissent mieux et produisent de la nourriture en abondance. Aussi enseignons-nous nos populations à couper tous les arbres avant de cultiver ».

Le Pasteur Simon resta silencieux. C'était vrai que les champs produisaient peu de nourriture au cours des récentes années. La population de son village de Katindi avait appris des européens comment défricher complètement les champs avant les cultures. Cependant, quelques années plus tard, ils avaient remarqué que cette méthode ne permettait pas aux champs de produire suffisamment de nourriture. Ils ont constaté que le soleil ardent brûle les plantes et sèche le sol. Alors, ils ont commencé à chercher une meilleure façon de produire leur nourriture.

Après quelques minutes, le pasteur Simon dit : « Oui Jean, je comprends ce que tu dis. Demain, promenons-nous jusqu'au village de Malenga. Tu verras comment la population de ce village a coupé tous les arbres pour faire des champs en vue d'y produire de la nourriture».

« Ont-ils maintenant beaucoup de nourriture ? » demanda Jean.

« Tu verras demain », répondit le pasteur Simon.

Couper tous les arbres cause des problèmes

Le lendemain, ils se rendirent à Malenga à pied. Ils se rendirent à la maison du chef. « Moise, dit le pasteur Simon, voici mon neveu Jean. Il étudie l'agronomie en ville. Nous sommes venus voir comment se portent vos champs. Avez-vous eu une bonne récolte cette année ? »

Le chef secoua la tête. « Non Pasteur. Notre moisson a été mauvaise et nous allons bientôt connaître la famine. Nous avons un agent agricole ici, et nous avons fait ce qu'il nous a enseigné. Chaque année, nous défrichons soigneusement le champ et nous brûlons tous les arbres et les herbes. Nous rendons le sol lisse avant d'y semer. Mais la terre semble être épuisée. Le sol est maintenant presque du sable. Il est très poussiéreux. Lorsque le vent souffle, il emporte beaucoup de terre. Notre mil et notre maïs produisent peu. Même le manioc et les arachides donnent de mauvaises récoltes. Nous ne savons pas pourquoi ».

Les champs infertiles donnent de mauvaises récoltes.

Ensemble ils se promenèrent à travers les champs des villageois. Ils remarquèrent que presque tous les arbres étaient coupés. Le sol paraissait vraiment pauvre. Beaucoup d'endroits étaient sablonneux. Il était difficile que les produits alimentaires poussent bien à ces endroits. Ils virent certains endroits où le sol était devenu sec et dur comme du ciment. Il était impossible de cultiver à ces endroits. Ils virent pousser dans beaucoup d'endroits de la mauvaise herbe, que même des animaux ne broutaient pas.

« Pasteur Simon, que faisons-nous d'inapproprié ? » demanda le chef.

« Moïse, viens demain dans notre village. Tu verras comment nous faisons les choses différemment dans nos champs. Nous pourrons parler de ce problème là-bas ».

Lorsque Moïse, le chef du village de Malenga, arriva chez le pasteur Simon, ils s'assirent sous un manguier et burent du thé. Le pasteur Simon expliqua qu'il y a des années de cela, des encadreurs agricoles étaient venus dans leur village enseigner aux gens comment défricher le champ avant d'y cultiver. Les gens avaient fait objection parce que ce n'était pas de cette manière que leurs ancêtres cultivaient leurs champs. Les encadreurs expliquaient que ces nouvelles idées provenaient de l'Europe où les agriculteurs produisent de la nourriture en abondance. C'est ainsi que la population de Katindi avait suivi les instructions des agents agricoles. Mais bientôt, ils avaient remarqué que le sol devenait pauvre et qu'il produisait peu nourriture. Les agriculteurs eux-mêmes se réunirent pour en discuter.

Les gens savaient que les méthodes traditionnelles procuraient de la nourriture, mais maintenant, avec plus de gens à nourrir, ce n'était plus suffisant. La méthode européenne consistant à défricher le champ produisait encore moins de nourriture. Ils savaient à vrai dire qu'ils devaient couper les arbres et les herbes de certains endroits avant d'y cultiver. Mais devraient-ils tout abattre?

Le pasteur Simon dit : « J'ai suggéré de voir si la Bible pouvait nous aider. Nous avons lu l'histoire de la création dans les premier et deuxième chapitres de la Genèse. Dieu créa la terre et le sol et toute chose qui pousse de la terre. Tout était bon. Ensuite nous avons lu ce qui suit :

> *Lorsque l'Eternel Dieu fit une terre et des cieux, aucun arbuste des champs n'était encore sur la terre, et aucune herbe des champs ne germait encore: car l'Eternel Dieu n'avait pas fait pleuvoir sur la terre, et il n'y avait point d'homme pour cultiver le sol. (Genèse 2: 5)*

« Nous nous demandions ce que cela voulait dire. Qu'est-ce que Dieu voulait-il nous enseigner ? Y-a-t-il un rapport entre le manque d'arbres et de plantes et l'absence de la pluie ? Nous voyions que les arbres et les plantes ne peuvent pas exister sans pluie, et que la pluie ne peut pas exister s'il n'y a pas d'arbres ni de plantes. Dans une telle condition, l'homme ne peut pas labourer la terre. Nous avons tiré la conclusion qu'il n'est pas bon de couper tous les arbres. Nous devons laisser certains des arbres pour protéger la terre. Nous devons aussi sauvegarder une partie de la forêt pour que la pluie continue de tomber. Nous avons vu comment Dieu avait mis ensemble les arbres, les plantes, la pluie et les gens dans le Jardin d'Eden.

Pratiquer l'agriculture à la manière de Dieu

« Dieu dit à Adam et Eve d'utiliser la terre, de la cultiver et de la protéger. Dieu leur a dit : ' Prenez soin des animaux, des plantes et régnez sur eux.' Je voudrais te poser une question, Moïse. Si tu veux utiliser quelque chose sagement et dominer sur lui, que dois-tu faire premièrement ? »

Moïse réfléchit un petit instant. Il était le chef de sa communauté, le chef du village de Malenga. Il dirigeait bien son peuple parce qu'il connaissait ses gens, il savait comment ils vivaient ; il connaissait bien leurs terres et où ils s'approvisionnaient en eau. Il répondit : « Pour gouverner mon village, je dois bien connaître mes gens et tenir compte de leurs besoins ».

« Exactement, dit le pasteur Simon. Comment en es-tu arrivé à bien connaître tes gens? »

« J'ai grandi avec eux, dit Moïse. J'ai appris à les connaitre tous et j'ai appris à les connaitre individuellement».

Le pasteur Simon dit : « C'est ce que nous devons faire vis-à-vis du sol qui fait pousser nos produits alimentaires. Nous devons l'étudier pour connaître ce qui lui permet de produire de la bonne nourriture et comment nous en occuper ».

« Comment avez-vous fait cela? » demanda Moïse.

« En Europe, les gens ont étudié leur terre. Ils ont à l'aide de la science découvert comment aider la terre à produire beaucoup de produits alimentaires. Une méthode qui a permis à la terre de produire beaucoup de produits alimentaires en Europe consistait à enlever tous les arbres des champs avant la plantation. Les gens pouvaient alors labourer profondément la terre, la semer et permettre aux cultures de bien pousser».

Moïse déclara : «Mais Pasteur, ici c'est l'Afrique. Si ça marche en Europe, c'est bon, mais cela marcherait-il ici en Afrique ? L'Afrique n'est-elle pas différente de l'Europe?»

Le pasteur Simon sourit. Jean suivait attentivement. « C'est justement de cela que nous parlions. En Europe, le soleil n'est pas très ardent pendant la saison agricole. Là-bas le soleil ne brûle pas le sol. C'est pourquoi ils coupent tous les arbres et labourent profondément la terre.

« Ici en Afrique, le soleil est très ardent. Il sèche la terre rapidement si celle-ci n'est pas protégée par des arbres, des buissons ou des plantes. Pendant la saison de pluie, nous avons beaucoup de pluies. Elles tombent très durement sur le sol. Lorsqu'il n'y a ni plante, ni arbre, ni buisson pour protéger le sol, la forte pluie peut emporter une grande partie du sol. Lorsqu'il n'y a pas d'arbres, le vent emporte aussi une bonne partie du sol.

« Nous avons étudié le livre de Genèse. Nous avons vu que Dieu a planté des arbres partout et ceux-ci ont couvert le sol. Nous avons découvert que le sol dans la forêt est riche. Les arbres couvrent le sol et le protègent. Lorsque vous placez votre main dans le sol de la forêt, vous remarquerez qu'il est doux et frais. Cela est dû au fait que la température de la forêt est fraîche. Les feuilles tombent des arbres et s'étalent sur le sol et pourrissent doucement. Elles pénètrent le sol pour le rendre riche.

« Lorsque le sol n'est pas couvert, le soleil ardent détruit rapidement les feuilles qui tombent. Elles ne peuvent plus enrichir le sol. Le sol devient dur et chaud. Les semences ne poussent pas bien ».

« Donc, qu'avez-vous tiré comme conclusion ? » demanda Moïse.

Ne pas labourer profondément le sol

« Nous avons conclu qu'il est bon de garder le sol toujours protégé. Nous avons aussi décidé de ne pas labourer profondément le sol et de ne pas l'exposer au soleil ».

« Tu veux dire qu'il n'est pas bon de remuer la terre en la labourant? », demanda Moïse.

« Exactement, répondit Simon. Cela expose les bons éléments du sol au soleil ardent. Le soleil les brûle rapidement et ils perdent leur qualité pour aider la croissance des cultures plantées ».

« Comment allons-nous planter sans avoir labouré la terre ? » demanda Moise.

Le pasteur Simon expliqua: « Dans nos champs, nous coupons les mauvaises herbes, les graminées et les tiges de la dernière récolte. Nous ne les brûlons pas, mais les laissons sécher au sol. Nous les éparpillons dans tout le champ. Ces plantes séchées se décomposent doucement et protègent le sol contre le soleil ardent. Elles gardent le sol frais et le protègent aussi contre l'érosion provoquée par les pluies abondantes ou le vent ».

« Comment semez-vous lorsque le sol est couvert par des graminées et de mauvaises herbes ? » demanda Moïse.

« Nous utilisons la houe pour assouplir la terre là où nous voulons mettre en terre les semences. Ensuite, nous creusons un petit trou pour y semer le maïs, le mil ou les arachides. Nous mettons du paillis entre les points de semence. Nous essayons de couvrir tout le champ avec du paillis comme une couverture couvre un lit. Ceci aide à empêcher la croissance des mauvaises herbes dans le champ ».

« Les petites plantes poussent-elles bien? » demanda Moïse.

« Ah oui, répondit Simon. Le sol est assoupli mais couvert et protégé du soleil et des fortes pluies. La couverture de paillis se décompose doucement et alimente les jeunes plantes. Elles poussent ainsi très bien ».

Le Pasteur continua : « Ainsi nous avons décidé de ne pas couper tous les arbres. Nous en avons maintenant qui poussent autour de nos champs et quelques-uns dans les champs. Ces arbres protègent le sol et les cultures contre le soleil ardent et les fortes pluies ».

« Je veux voir ce que vous faites ici, dit Moïse. Je veux savoir parce que les gens de mon village n'arrivent pas à produire assez de nourriture. Nous pourrions être obligés de quitter notre village et la terre de nos ancêtres pour aller ailleurs. Avez-vous planté de nouveaux arbres ? »

Planter de nouveaux arbres pour protéger les champs

Le pasteur Simon répondit : « Nous avons planté des arbres dans beaucoup de champs, surtout l'acacia qui donne un peu d'ombre mais pas trop. Nous avons aussi planté des nouveaux arbres autour de nos champs. Nous irons bientôt les voir. Il n'était pas nécessaire de planter des nouveaux arbres dans les champs récemment cultivés. Nous avons constaté que les racines d'arbres coupés avant étaient encore vivantes sous la terre. Elles tentaient de repousser chaque année, mais nous ne cessions de couper les jeunes pousses. Donc nous avons décidé de laisser certains des vieux arbres repousser.

« Lorsque nous avons commencé à préparer les champs, nous avons trouvé beaucoup de jeunes pousses qui repoussaient de ces vieilles racines. Nous avons coupé certaines d'entre elles et laissé d'autres repousser. De cette manière, la terre pouvait être protégée du soleil, des fortes pluies et du vent. Nous avons laissé plusieurs types d'arbres repousser. Nous savions que Dieu avait créé différentes sortes d'arbres. Il a dû avoir une bonne raison de faire cela. Nous voyons dans la forêt beaucoup de différents types d'arbres poussant ensemble. Nous avons ainsi décidé de laisser les différents types d'arbres repousser dans nos champs, surtout les arbres qui allaient fortifier davantage le sol et qui allaient donneront un peu d'ombre, mais pas trop».

« Pouvons-nous aller voir ce qui s'est passé ? » demanda Jean.

Les trois hommes se rendirent dans les champs du côté ouest de Katindi. Ils purent voir des champs de mil et de maïs, et d'autres d'arachides et de manioc. A certains endroits des légumes étaient en croissance. Quelques gros arbres non rapprochés se trouvaient dans les champs. Des rangées d'arbres se dressaient le long des champs.

« Puisque ces arbres ont grandi à cette hauteur, nous ne connaissons plus de mauvaises tempêtes de poussière, dit le pasteur Simon. Lorsque nous défrichions les champs dans le passé, le vent soufflait et emportait une grande partie du sol. Ce cas n'existe plus aujourd'hui. Les fortes pluies n'emportent plus le sol. Les arbres protègent le sol contre le vent violent et les fortes pluies. Ainsi la terre reste en meilleur état ».

Jean demanda : « Est-ce que l'ombre des arbres empêche les jeunes plantes de croître sous les arbres ? »

« Pas vraiment, répondit le pasteur Simon. Regardez ces grands

Un champ avec des arbres et de cultures de bonne qualité.

arbres dans les champs. La plupart sont des acacias. Leurs feuilles sont petites et se situent bien haut. Assez de lumière du soleil les traverse jusqu'à atteindre la terre, et les jeunes plantes peuvent croître. Ces acacias apportent aussi des minéraux au sol et le fortifient davantage. La température à l'ombre de ces arbres est plus fraîche et cela aide les jeunes plantes à mieux se développer. Un autre avantage d'avoir ces arbres, c'est leurs feuilles qu'ils font tomber sur le sol. Ces feuilles ne tardent pas à se décomposer et devenir des aliments que les jeunes plantes peuvent consommer pour une meilleure croissance. Il y a d'autres types d'arbres qui laissent aussi filtrer les rayons du soleil et protègent le sol. Il est bon de laisser tous ces arbres dans les champs ».

« Mais nous devons produire autant de cultures que possible, dit Moïse. C'est pourquoi nous coupons tous les arbres de façon à ce qu'il n'y ait aucune ombre du tout».

Le pasteur Simon se mit à rire. « Moïse, c'est pourquoi le soleil brûle votre sol. Il détruit les éléments dans le sol dont vos cultures ont besoin pour une bonne croissance. Ici chez nous, ces arbres protègent notre sol contre le soleil ardent et les fortes pluies. La pluie doit tomber sur les branches de ces arbres et arriver doucement sur le sol. Nous produisons beaucoup de vivres dans ces champs. Nous en produisions moins dans le passé ».

« Comment cela peut-il se faire ? demanda Jean. Pourquoi mes enseignants ne connaissent-ils pas cela ? »

Le pasteur Simon secoua sa tête et eut l'air un peu triste. « Jean, vos enseignants ont étudié l'agronomie en Europe. Y-a-t-il quelques-uns parmi eux qui se rendent dans les villages pour voir les problèmes ? »

« Oui, et nous y allons avec eux. Ils y vont pour enseigner les gens et nous les aidons. Ils travaillent avec les gens pendant que ceux-ci mettent en pratique ces nouvelles méthodes. Ils savent ce qui se passe ».

Le pasteur Simon demanda : « Les enseignants posent-ils des questions aux gens? Cherchent-ils à comprendre les méthodes d'agriculture traditionnelle? Ecoutent-ils les gens? Essayent-ils de découvrir la sagesse de la population? »

« Oh non ! » dit Jean. « Ils pensent qu'ils connaissent les bonnes méthodes parce que celles-ci viennent de l'Europe. Comme les gens du village ne les connaissent pas, ces enseignants leur enseignent ces nouvelles méthodes ».

Moïse cracha sur le sol. « Bien sûr. Nous avons fait ce qu'ils nous ont enseigné, mais maintenant nous sommes affamés. Les méthodes européennes ne produisent pas beaucoup de nourriture ici en Afrique ».

Jean prit la parole : « Je commence maintenant à comprendre. Nos ancêtres avaient des difficultés à produire de la nourriture. Ils avaient souvent faim parce qu'ils ne savaient pas comment bien produire leur nourriture. Les européens ont trouvé beaucoup de bonnes méthodes pour l'Europe. Mais toutes ces méthodes ne marchent pas bien ici en Afrique. Oncle Simon, toi et tes gens, vous vous êtes confiés à Dieu. Vous avez étudié la Bible. Vous avez pris des idées de la Bible et certaines des ancêtres. Vous avez appris certaines bonnes choses des européens. Plus important, vous avez étudié la situation et vous êtes servis de la sagesse que Dieu vous a donnée de voir ce qui marche. Vous avez maintenant assez de nourriture».

Le pasteur Simon était ravi. « Tu as bien parlé, Jean ».

Jean dit : « Merci, oncle Simon. Mais j'ai une autre question.

Tu parles de la Bible comme si c'était un manuel d'agriculture. Je ne trouve vraiment pas de l'agriculture réelle dans la Bible. De quoi parles-tu alors? »

« Jean, cette question suscite un autre débat. Rentrons à la maison et asseyons-nous à l'ombre. Moïse, veux-tu te joindre à nous? »

« Volontiers! » répondit Moïse. Ainsi, les trois hommes retournèrent à la maison du pasteur Simon.

Questions d'étude

1. *Qu'est-ce que Dieu dit dans la Bible à propos de la relation entre les plantes, les arbres, la pluie et l'homme ? voir Genèse 2. 5, 6*
2. *Qu'est ce qui se passe lorsque nous coupons tous les arbres de nos champs ?*
3. *Comment le labour en profondeur endommage-t-il le sol?*
4. *Pourquoi la présence de certains arbres dans les champs aide-t-elle à une meilleure croissance des cultures ?*
5. *Quels sont les bons arbres à laisser pousser dans les champs ?*
6. *Quel était le problème avec les enseignants agricoles de Jean ?*

CHAPITRE 3

Découvrir les lois de Dieu à travers la science

Le soleil de fin d'après-midi pénétrait par les faux mimosas, tandis que les trois hommes étaient assis à prendre du thé derrière la maison du pasteur Simon. Moïse parlait de combien son arrière-cour était agréable – ombrageuse, fraîche et avec beaucoup de fleurs autour de la cour. Le Pasteur dit que son épouse Virginie aimait les fleurs. « Je crois que Dieu a pris un soin particulier à créer ces nombreuses variétés des fleurs de sorte que nous puissions apprécier les différentes couleurs et en remercier Dieu», dit-il.

« Oncle Simon, dit Jean, tu dis que vous avez obtenu de la sagesse de Dieu, de la Bible et de la science. Peux-tu nous expliquer cela? »

Simon, Moïse et Jean engagés dans une sérieuse discussion

La Bible et la science

Le pasteur sourit. Il dit que beaucoup de gens aujourd'hui croient que la Bible et la science ne s'accordent pas. C'est parce qu'ils ne comprennent ni la Bible ni la science elle-même dans sa profondeur. En réalité, la science trouve son fondement dans la Bible parce que la science étudie ce que Dieu a créé. Les lois que la science découvre sont celles que Dieu a mises dans tout ce qu'il a créé.

« Par exemple, dit-il, l'histoire de la création dans Genèse chapitre un montre le merveilleux ordre que Dieu a créé dans la nature. Il a créé le soleil, la lune et les étoiles. Il les a placés chacun à son endroit précis. Dis-moi Jean, d'où se lève le soleil chaque matin ? »

Jean pointa à l'est. « Là-bas, dit-il. Mais quelques fois, c'est plus au sud et d'autres fois au nord. Comment peux-tu dire que cela est précis? »

« Le soleil se lève à des endroits différents et à des moments différents de l'année, répliqua le pasteur. C'est parce que la terre est penchée sur son axe. Nous étudions soigneusement la terre et comment elle tourne autour du soleil une fois par an. Nous connaissons l'angle d'inclinaison de la terre sur son axe et comment elle tourne sur son axe chaque 24 heures. De cette façon, nous pouvons alors savoir exactement à quel moment et à quel endroit le soleil se lèvera chaque jour de l'année. Cela ne changera jamais et n'a jamais changé depuis des milliers d'années. Dieu est le Dieu de l'ordre et de la précision. »

Dieu a mis des lois dans toute la nature

« Quel rapport y a-t-il entre cela et la culture des produits alimentaires ? » demanda Moïse.

« Moïse, répondit le Pasteur, si la nature n'avait pas d'ordre précis, l'étude scientifique serait inutile. Il n'y aurait pas de lois par lesquelles toutes choses fonctionnent. Nous ne saurions en aucune manière comment produire de la nourriture en abondance. Cependant, le monde que Dieu a créé est ordonné. Tous les corps célestes se déplacent de façon ordonnée. Nous pouvons ainsi les étudier. Dieu a créé le corps humain d'une façon précise. Les docteurs étudient le corps humain, et ainsi ils savent comment nous aider à rester en bonne santé, quels aliments nous devrions manger, et comment nous guérir quand nous tombons malade. Lorsque nous découvrons les lois que Dieu a mises dans chaque chose – le sol, les aliments, le climat – nous pouvons les respecter. En respectant ces lois de la nature, lesquelles viennent de Dieu, nous pouvons en tirer profit. »

Le pasteur ajouta : « Nous devons aussi comprendre que Dieu est toujours à l'heure. Les jours, les saisons et les années, tous viennent et s'en vont à l'heure précise. C'est parce que Dieu a créé le temps, et nous devons le respecter. Nous devons connaître le meilleur moment de semer, de moissonner et de faire le meilleur usage du temps que Dieu nous donne. »

« Est-ce qu'il en va de même pour l'agriculture ? » demanda Jean.

Les lois de l'agriculture viennent de Dieu

« Bien sûr, répondit le pasteur. Vous étudiez les différents types de sol que Dieu a créés. Certains sols sont sablonneux. D'autres contiennent beaucoup d'argile. Vous étudiez aussi différentes sortes de plantes et de cultures. Vous savez lesquelles pousseront bien dans un sol sablonneux et lesquelles pousseront bien dans un sol argileux. »

« Qu'est-ce que cela a à voir avec Dieu ? » demanda Jean.

« Jean, arrête-toi et réfléchis. Dieu a fait de telle sorte que chaque culture pousse sur un sol particulier. En étudiant chaque culture, tu découvriras le type de sol que Dieu lui a préparé pour y pousser. Lorsque tu le cultives à l'endroit indiqué, il pousse bien et tu obtiens de la nourriture en abondance. Mais si tu ne connais pas ces lois que Dieu a faites, comment vas-tu produire de la nourriture en abondance? »

« Oncle Simon, es-tu en train de dire que les lois de l'agriculture que nous découvrons viennent de Dieu? »

« Exactement. Ce sont les lois que Dieu a mises dans les différents sols, dans les arbres, le maïs, le mil et dans tous les aliments que nous cultivons. Si nous connaissons ces lois que Dieu a faites et les respectons, nous pouvons produire les aliments dont nous avons besoin. »

« C'est magnifique, dit Jean. Je n'avais jamais pensé que les sciences agricoles venaient de Dieu. »

Découvrir les lois de Dieu

« Tu vois, Jean, nous pouvons découvrir les lois de Dieu de deux façons. La première se fait par l'étude de la Bible. Elle nous montre beaucoup de lois importantes sur comment nous devons vivre. Cependant, la Bible parle très peu de l'agriculture, de la nutrition, de l'hygiène et d'autres questions pratiques. Pour apprendre ces lois, nous utilisons la science. Par l'étude scientifique, nous voyons comment Dieu a créé toutes choses. Les lois que nous découvrons par la méthode scientifique sont en réalité venues de Dieu. »

« Est-ce que les Européens savent cela ? » demanda Jean.

« Certains le savent, d'autres non. Même s'ils ne connaissent pas l'origine des lois, les lois restent les mêmes. Cependant, le problème ici en Afrique est le suivant. Les Européens par leurs études scientifiques, ont découvert comment bien cultiver leurs cultures dans leurs conditions. L'erreur que beaucoup d'entre eux ont commise était de croire que ces cultures pousseraient bien en Afrique selon les lois qu'ils ont découvertes en Europe. Cependant, comme nous l'avons vu, ce qui marche en Europe ne marche pas toujours en Afrique parce que les conditions ici sont différentes. Nous devons étudier nos propres conditions d'ici – le sol, le climat, la température, la pluviométrie, ainsi de suite. »

« Oncle Simon, je commence à comprendre ce que tu dis. Quoique tu n'aies pas étudié l'agriculture, tu as observé les conditions d'ici. Tu as vu ce qui arrive au sol et à la terre lorsque certaines choses sont faites. Tu as vu que certaines choses aident le sol et que d'autres lui nuisent. Et tu as conclu que cela est dû à la manière dont Dieu a créé les choses. »

« Tu as bien parlé, Jean. Voyons maintenant un chapitre important dans la Bible. Il s'agit du chapitre 28 de Deutéronome. Ici, Dieu parle à son peuple de l'importance de toutes les lois qu'il leur a données. Si les gens obéissent à ses lois, ils vivront bien. S'ils ne leur obéissent pas, ils auront beaucoup de difficultés, voire de nombreuses maladies. Dieu n'envoie pas ces difficultés ou maladies. Elles arrivent à cause de notre désobéissance. »

« Oncle Simon, il est dit ici que si les gens désobéissent aux lois de Dieu, Dieu les maudira. Pourquoi Dieu maudit-il les gens ? »

« La malédiction » de Dieu est pour nous un avertissement

Le pasteur Simon sourit. « Jean, nous devons comprendre la grande différence entre la malédiction de l'homme et la « malédiction » de Dieu. La malédiction de l'homme est destinée à nuire ou à détruire. La malédiction de Dieu est destinée à nous avertir que nous sommes en train de faire du mal. Ainsi, lorsque nous remarquons que le sol n'est plus fertile ou que la source d'eau s'est asséchée, nous ne devons pas blâmer Dieu. Nous devons plutôt reconnaître que ces choses sont pour nous un avertissement que nous n'avons pas obéit aux lois de Dieu. Par conséquent, nous devons découvrir les lois sur le sol et les sources d'eau et les respecter. En réalité donc, ce que l'Ancien

Testament appelle « malédiction de Dieu » est tout simplement le mauvais résultat de notre incapacité à respecter les lois que Dieu a mises dans chaque chose qu'il a créée. »

Moise secoua la tête. « Pasteur, toutes ces nouvelles choses me dépassent. Je fais juste ce que ce que mes ancêtres ont toujours fait. »

Le Pasteur éclata de rire et dit : « Moise, nos ancêtres en réalité en savaient beaucoup sur la nature. Ils savaient qu'elle venait de Dieu. Ils savaient exactement où cultiver le maïs, le manioc et les arachides. Ils les cultivaient là où ils savaient que Dieu avait préparé un bon sol pour eux. Ils savaient aussi que Dieu nous a donné la forêt pour que nous en tirions profit. Ils protégeaient la forêt et le sol parce qu'ils savaient que Dieu voulait que nous fassions cela. »

« Alors, pourquoi avons-nous tous ces problèmes maintenant ? » demanda Moïse.

« La réponse est toute simple, répliqua le Pasteur. Beaucoup de choses ont changé, mais nous sommes très lents à changer dans nos manières. Le changement est difficile, mais nécessaire. Avant d'effectuer de grands changements, nous devons réfléchir attentivement, étudier la situation scientifiquement, lire la Parole de Dieu et lui demander sa sagesse. Moïse, il fait tard et le soleil est sur le point de se coucher. Passe la nuit avec nous ici. Nous dînerons et ensuite nous continuerons notre discussion. »

« Merci pasteur, répondit Moïse. Je le veux bien car que j'ai beaucoup d'autres questions à poser. »

Questions d'étude

Lisez attentivement tout le chapitre 28 de Deutéronome.

1. *Quels avantages y a-t-il pour nous à apprendre et à*

obéir aux lois de Dieu ?

2. *Quelles sont les choses négatives qui peuvent arriver lorsque nous ne connaissons pas ou n'obéissons pas aux lois de Dieu ?*

CHAPITRE 4

La domination qui restaure et améliore la terre

Ce soir-là, le pasteur Simon alluma un feu devant sa maison. Des hommes et des femmes du village vinrent chez lui pour causer. Moïse était présent car il avait décidé de passer la nuit chez le pasteur Simon. Il avait encore beaucoup de questions à poser. Le pasteur Simon lut un passage de la Bible.

> *Celui qui marche en pleurant, quand il porte la semence, Revient avec allégresse, quand il porte ses gerbes. (Psaume 126.6)*

Des pleurs au moment de la semence

Il dit : « La personne qui a écrit ce Psaume connaissait très bien notre situation. Lorsque le moment de la moisson arrivait, nous nous réjouissions, et nos enfants dansaient et chantaient. Nous savions que nous avions de la nourriture à manger. Nous pourrions manger deux fois par jour et nous n'aurions plus faim».

Arthur prit aussitôt la parole: « Oui, Pasteur, mais après trois mois, les arachides étaient finies. Les réserves de mil et de maïs diminuaient et nous ne pouvions manger que seulement une fois par jour. Nous souffrions de nouveau de la faim. Parfois nous n'avions même pas assez de manioc à manger. »

Rose dit : « Pasteur, lorsque j'étais encore petite, pendant la période des semis, nous mangions seulement un petit repas par jour parce qu'il n'y avait presque pas à manger. J'avais toujours faim. Cependant un jour, je suis allée dans le petit grenier derrière notre maison et je n'en croyais pas mes yeux. Il y avait de la nourriture, beaucoup de nourriture. Il y avait beaucoup d'épis de mil, et un grand sac de maïs. J'ai couru vers mon père et me suis écriée : ‘ De la nourriture, Papa, de la nourriture. Nous avons beaucoup de nourriture. Mangeons-en.’

« Mon père m’a pris dans ses bras et a dit : ‘ Rose, ce que tu as vu dans le grenier n’est pas pour notre nourriture de maintenant. C’est notre nourriture pour l’année prochaine. Ce sont des semences que nous devons bientôt mettre en terre pour avoir à manger l’année prochaine. Si nous les mangeons maintenant, nous n’aurons pas de nourriture l’année prochaine. Nous mourrons de faim.’

« Quelques jours plus tard, mon père et ma mère ont pris le mil et le maïs et nous nous sommes tous rendus dans les champs pour les semer. Je pleurais et pleurais en voyant cette nourriture entrer sous terre parce que j’avais faim. Comme le Psaume le dit : ‘Nous sommes sortis porter la semence en pleurant’. »

Rose pleure pendant que ses parents ensemencent le champ.

Le pasteur Simon dit : « Oui Rose, c’est ce que le Psaume veut dire. Nous devons maîtriser notre faim maintenant pour ainsi pouvoir manger plus tard. Nous devons penser à ce dont nous aurons besoin demain et non seulement à ce dont nous nous avons besoin aujourd’hui. »

Moïse se gratta la tête et dit : « Je comprends très bien ce Psaume. Nous avons beaucoup de nourriture durant une moitié de l'année et nous souffrons de famine durant l'autre moitié. Mais Pasteur, comment se fait-il que dans votre village vous avez de la nourriture durant toute l'année ? »

Le pasteur Simon répondit : « Moïse, ce matin je t'ai montré certaines des choses que nous avons faites. Nous laissons quelques arbres pousser pour protéger le sol. Cela aide les cultures à croître. Demain, je te montrerai d'autres choses que nous avons trouvées en étudiant la terre, les arbres et les différents aliments que nous mangeons. Certaines de ces choses, nous les avons apprises des Européens. D'autres, nous les avons apprises à partir de notre propre expérience. »

Roger dit alors : « Moïse, le pasteur nous a aidé à voir comment nous pourrions mettre ensemble la sagesse de la Bible, la sagesse des ancêtres et la sagesse de l'Europe. Nous avons maintenant beaucoup de nourriture. N'est-ce pas merveilleux ? »

Ils acquiescèrent tous et Moïse lui-même pouvait voir que les gens de Katindi mangeaient bien. Jean pouvait le constater également.

Partager la Parole de Dieu aux autres

Le pasteur Simon poursuivit : « Dieu nous parle aussi d'autre chose dans le Psaume. La Bible compare souvent la graine à la Parole de Dieu. Nous sommes ceux qui devraient semer cette graine. Nous semons cette graine lorsque nous parlons de Christ aux autres et de ce que Dieu veux que nous fassions.

« Il n'est pas toujours facile de faire cela. Beaucoup de gens ne veulent pas suivre la Parole de Dieu. Ils ne veulent pas suivre Dieu ni obéir à ses commandements. Souvent nous pleurons lorsque les gens refusent d'accepter la Parole de Dieu. Mais nous devons continuer à la semer. Nous devons continuer à parler de Christ aux autres et comment il peut nous donner une vie nouvelle.

« Ce Psaume dit que si nous le faisons fidèlement, nous nous réjouirons un jour. Des personnes accepteront le Christ et recevront la Parole de Dieu. Ils trouveront la vraie vie, et une vie meilleure dès à présent. C'est à ce moment que nous nous réjouirons avec eux. »

Moïse dit : « Pasteur Simon, tu dis que Dieu nous montre comment nous occuper de la terre et comment planter notre semence pour avoir beaucoup de nourriture. Veut-il également que nous parlions aux autres de ce qu'il dit ? »

« Oui, Moïse. C'est le travail que Dieu nous donne à faire. Il veut que nous travaillions dur pour nous-mêmes. Il veut aussi que nous aidions les autres. C'est pourquoi nous sommes allés dans ton village, et ensuite nous t'avons invité ici pour voir ce que nous faisons. »

Dominer sur la terre

Jean dit : « Oncle Simon, selon la Bible, Dieu a dit à Adam et Eve de prendre soin de la terre et de dominer sur elle. Mais ils ont péché et ont désobéi à Dieu. Ont-ils perdu leur domination sur la terre, les animaux et le sol ? ».

« C'est une question très importante, Jean. Y-a-t-il quelqu'un ici qui aimerait répondre à la question de Jean? »

Virginie, l'épouse du pasteur Simon dit : « Je vais essayer, Pasteur »

« Vas-y, Virginie. Nous t'écoutons. »

« Je pense que Adam et Eve ont effectivement perdu leur

domination sur la terre et les animaux. Dieu leur a dit de régner sur la nature avec lui. Pendant qu'ils étaient avec Dieu et avaient sa sagesse, ils avaient le bon type de domination sur la nature qui plaisait à Dieu. Ils avaient beaucoup à manger et les animaux ne leur faisaient aucun mal.

« Cependant, vous vous souvenez que Dieu leur a dit de ne pas manger le fruit de l'arbre de la connaissance du bien et du mal. S'ils mangeaient ce fruit, ils mourraient. Alors Satan est venu vers eux sous la forme d'un reptile et les a tentés pour manger ce fruit. Satan voulait qu'ils décident d'acquérir sa sagesse plutôt que celle de Dieu.

« Lorsqu'ils ont accepté la sagesse de Satan, ils ont péché contre Dieu. Ils ont refusé de suivre la sagesse de Dieu et d'obtenir l'aide de lui seul. Ils ont perdu une grande partie de leur domination sur la nature que Dieu leur avait donnée. En plus, ils ont mal compris la domination qui leur restait. Ils ont cru que cela signifiait d'utiliser la nature comme bon leur semblait, de manière égoïste pour leur seul intérêt. »

Assumer la responsabilité de la terre

Robert se joignit à la discussion. « C'est une bonne idée, Virginie. Cependant, si nous avons perdu une grande partie de notre **domination** parce que nous avons péché, nous n'avons pas perdu notre **responsabilité** sur la nature, les animaux et la terre ».

Le pasteur Simon dit : « Tu as dit des paroles de sagesse, Robert. Dieu nous a donné la terre et nous en sommes responsables malgré notre péché. Nous sommes responsables devant Dieu de la façon dont nous utilisons ce qu'il nous a donné. Nous devons l'utiliser pour le bien des autres et non pas pour nous-mêmes seulement. Nous sommes également responsables envers nous-mêmes et envers nos enfants. Si nous détruisons notre terre, la forêt et les animaux, qu'est-ce que nos enfants mangeront ? Comment vivront-ils?»

Moïse dit : « J'ai encore des difficultés à comprendre ceci. Veuillez me l'expliquer davantage pour que je puisse mieux le comprendre. »

Le pasteur Simon débuta: « Dieu a créé toute la nature – la terre, l'eau, les plantes, les animaux, les montagnes, les fleuves, les arbres et les prairies. Toute chose que Dieu a créée est bonne. Il a mis chaque chose à la place qu'il faut – le soleil, la lune et les étoiles ; les montagnes, les vallées, et les fleuves; les fleuves, les ruisseaux, les arbres et les aliments que nous devons manger. Il a créé de nombreux types d'animaux différents. Chaque type ou espèce est différent de l'autre. Chaque chose suit l'ordre que Dieu a établi.

« Dieu a créé Adam et Eve et les a mis au milieu de la nature.

Adam et Eve mangeant le fruit interdit.

Il a soufflé son esprit en eux et a mis son image en eux. Il leur a dit de régner sur toute la nature qu'il avait créée. Il voulait qu'ils règnent sur la nature avec lui et de la bonne manière, un fils qui apprend de son père. Le vent, les pluies, et les orages étaient tous bons et l'homme ne craignait rien de tout cela. »

Moïse dit : « Dieu a aussi créé aussi les animaux. A-t-il mit son esprit en eux ? »

Le pasteur Simon répondit : « Lisons comment Dieu a créé l'homme et les animaux. Dans Genèse 2.7, nous lisons que Dieu a formé l'homme avec la poussière de la terre et a insufflé son esprit en lui. L'homme est alors devenu un être vivant. Nous sommes des êtres spirituels et de cette façon, nous sommes semblables à Dieu.

« Genèse 2.19 dit que Dieu a formé tous les animaux de la poussière de la terre. Il les a tous amenés à Adam pour qu'il domine sur eux. La Bible ne dit pas que Dieu a insufflé son esprit en eux. Donc ils ne sont pas des êtres spirituels comme nous. »

Moïse dit : « Beaucoup de gens croient que les animaux tels les lions, les éléphants, les serpents et de nombreux oiseaux ont des esprits puissants qui peuvent nous nuire. Est-ce vrai? »

« Non, ce n'est pas vrai, répondit le pasteur Simon. Les animaux ont des corps physiques comme nous. Ils peuvent au moyen de leurs petits cerveaux sentir certaines choses, mais ils n'ont pas un esprit. Lorsque Dieu les a créés, il a dit à Adam de leur donner des noms. Il voulait que tout être vivant porte le nom que l'homme lui donnerait. Lorsque tu donnes un nom à quelque chose, tu as un certain pouvoir sur lui. Dieu voulait que l'homme ait un pouvoir sur les animaux, et non que les animaux aient un pouvoir sur l'homme. »

« Mais comment pouvons-nous avoir le pouvoir sur les lions, les serpents, et d'autres animaux et oiseaux ? » demanda Moïse

Le pasteur Simon lui expliqua ceci : « Lorsque l'homme a péché en refusant la volonté de Dieu, il a rejeté l'ordre que Dieu avait établi. Ainsi, le désordre est entré dans le monde. Il est même entré dans la nature et la nature est devenue désordonnée. L'homme a eu peur de la nature – les animaux, les oiseaux, le vent, la pluie, les orages, l'éclair et le feu. Il adore les choses dans la nature au lieu d'adorer Dieu. Au lieu de faire confiance en Dieu pour le protéger, il offre des sacrifices aux choses de la nature, les priant et leur demandant de ne pas lui causer du mal. L'apôtre Paul dit dans Romains 1.25 : ‘ Eux qui ont changé la vérité de Dieu en mensonge, et qui ont adoré et servi la créature au lieu du Créateur, qui est béni éternellement. Amen!' »

Moïse fut stupéfait et dit : « Pasteur, nous prions toujours les esprits de nos ancêtres avant de cultiver nos champs ou avant de moissonner nos récoltes. Nous prions l'esprit de la pluie de nous envoyer la pluie au bon moment. Nous prions l'esprit du sol de nous donner beaucoup de nourriture. Es-tu en train de dire que cela n'est pas bon ? »

Mettre sa confiance en Dieu seul

Le pasteur Simon répondit : « Moïse, Dieu veut que nous mettions notre confiance en lui seul. Nous ne devons prier aucun autre esprit ou adorer aucun autre esprit. Mais nous devons prier seulement Dieu. Juste comme vous l'avez toujours fait, nous devrions prier avant que nous semions et avant que nous moissonnions, en priant Dieu et non les ancêtres ou autres esprits. Si nous mettons notre confiance en Dieu, si nous comprenons ce qu'il dit dans sa Parole, si nous apprenons de ce qu'Il a créé et le mettons en application, nos vies seront bien meilleures.

« Vous voyez, Dieu veut que nous régnions sur la nature et non la craindre ou l'adorer. Il veut que nous régnions sur elle de manière à restaurer et à améliorer la terre. C'est avec la sagesse et l'aide de Dieu seulement que nous pouvons régner sur la nature. C'est de cette façon que nous pouvons restaurer l'ordre et regagner un certain pouvoir sur la nature. Nous ne pouvons jamais maîtriser toute la nature, parce que le péché a apporté encore plus de désordre dans la nature. Cependant, nous pouvons régner sur les arbres et la forêt, la terre, le sol et beaucoup animaux et les rendre meilleurs. Nous devons surtout régner sur nos propres animaux. »

Régner sur les animaux

« Je ne comprends vraiment pas cela, dit Moïse. Notre bétail, nos chèvres et nos moutons vont où ils veulent. Comment sommes-nous sensés régner sur eux ? »

« En les gardant à un endroit approprié, répondit le pasteur. Nous avons dû travailler dur ici à Katindi pour réaliser cela et nous avons plutôt bien réussi. Après que tu as vu ce que nous avons fait dans nos champs et dans notre forêt, nous parlerons du règne sur nos animaux domestiques. »

« Je veux vraiment connaître cela, dit Moïse. C'est un grand problème dans mon village. »

Le pasteur poursuivit en expliquant que prendre soin de la terre, de la forêt et des animaux exige beaucoup de travail. Il rappela à Moïse que le travail fait partie du plan de Dieu pour nous. Il lui dit : « Dieu lui-même a travaillé pour créer toute chose et il a donné à Adam et Eve du travail à faire, avant même qu'ils ne pèchent. Le travail, vous voyez, est bon car Dieu lui-même travaille. Leur travail produisait de la nourriture parce que la terre était bonne. Cependant, lorsqu'ils sont tombés dans le péché, ils ont dû continuer à travailler. Sauf que maintenant, c'est devenue beaucoup plus difficile et c'est toujours difficile. C'est la raison pour laquelle beaucoup de gens pleurent lorsqu'ils mettent en terre les semences qu'ils aimeraient consommer parce qu'ils ont faim.»

L'obéissance à la Parole de Dieu est utile

« Un instant, dit Moïse. J'ai une question. Adam et Eve dominaient sur la nature. Ils devaient régner sur la terre avec Dieu. La terre leur procurait beaucoup de nourriture. Ils ont perdu cette domination lorsqu'ils sont tombés dans le péché, et ont dû travailler dur pour avoir un peu de nourriture. Mais maintenant tu dis que si nous obéissons à la Parole de Dieu, et suivons ses instructions, nous pouvons récupérer une partie de la domination sur la terre. Cela est-il vrai ?»

Rose prit aussitôt la parole: « Bien sûr. N'est-ce pas ce que nous avons fait ici à Katindi? Nous savions que la sagesse de nos ancêtres était bonne, mais qu'elle ne suffisait pas. Nous avons appris certaines bonnes choses sur l'agriculture européenne. Cependant, nous constatons que certaines choses qui réussissent en Europe ne réussissent pas ici. Nous avons étudié la Bible pour découvrir ce que Dieu nous dit. Nous avons appris de notre propre expérience que certains arbres protègent la terre et l'aident à produire de la nourriture en abondance. Nous avons prié et demandé à Dieu de nous aider à mettre cette sagesse ensemble. Nous avons maintenant plus de nourriture pour notre consommation. »

« C'est comme ce que nous faisons dans notre école agricole, dit Jean. Nous étudions le sol pour découvrir de bonnes manières de cultiver les aliments. Ce que nous découvrons n'est autre que ce que Dieu a créé. C'est pourquoi, ce que nous appelons 'lois agricoles', sont en réalité les lois que Dieu a mises dans l'agriculture. »

« Je ne suis qu'un vieux chef, s'exclama Moïse. Mais je commence à comprendre finalement. Ce que vous avez découvert en observant comment les aliments poussent bien et ce que vous étudiez à l'école agricole viennent vraiment de Dieu. »

« C'est absolument vrai, affirma le pasteur. Tu vois maintenant pourquoi il est important pour nous de suivre Dieu, à la fois dans ce qu'il nous dit dans la Bible et dans ce que nous découvrons dans tout ce que Dieu a créé. »

Des hommes sages et des hommes insensés

Le pasteur Simon ajouta : « Avant que nous partions, je vais vous parler d'une histoire que Jésus a raconté qui nous aide à comprendre ce dont nous parlons. Elle se trouve dans Matthieu chapitre 25. Je vais la raconter au lieu de la lire.

« Un homme riche était sur le point de partir pour un long voyage. Il a appelé trois de ses serviteurs dans son bureau, et a remis à chacun une somme d'argent. Il a donné à l'un une très grosse somme; au deuxième il a remis un montant moins important et au troisième il a donné un petit montant. Il leur a dit d'utiliser l'argent avec sagesse et de le fructifier en beaucoup plus d'argent.

« Lorsqu'il est revenu, il les a appelé dans son bureau et leur a demandé des comptes. Le premier serviteur qui avait reçu la plus grosse somme, a remis au riche maître le double de la somme. Le deuxième a également remis le double de ce qu'il avait reçu. Le riche homme était très content. Il leur a dit qu'ils avaient été fidèles et sages dans l'utilisation de ce qu'il leur avait remis. Il allait maintenant leur donner encore plus.

« Le troisième serviteur a eu peur. Il a tout simplement remis le montant qu'il avait reçu, et les billets étaient froissés et très sales. Il n'avait rien produit avec.

« Le riche homme était très irrité. Il a dit à ce serviteur qu'il était paresseux, et méchant et qu'on ne pouvait pas lui faire confiance. Il a pris le petit montant et l'a réparti entre les deux autres serviteurs. Il a dit au serviteur paresseux de partir et de ne plus jamais revenir. »

«Vous voyez, conclut le pasteur Simon. Dieu nous a donné une terre merveilleuse pleine de beaucoup de merveilleuses choses. Il exige que nous l'utilisions avec sagesse. Il nous demandera des comptes sur ce que nous avons fait de la terre. Si nous l'utilisons bien, elle nous donnera davantage de bonnes choses. Cependant, ici à Katindi nous avions pris cette bonne terre que Dieu nous a donnée et l'avions rendue pauvre. Ainsi nous avions perdu la capacité de produire de la nourriture en abondance. Lorsque nous nous sommes repentis de cela, lorsque nous avons changé nos manières de penser et nos habitudes, et avons restauré la terre, Dieu nous a bénis. Amen !?»

Tout le monde dit « Amen.» Ils applaudirent et quelqu'un commença à chanter un cantique. Quand tout fut calme, Moïse parla de nouveau: « Pasteur Simon, y a-t-il quelque chose que nous pouvons faire maintenant à Malenga pour rendre notre terre fertile afin qu'elle produise plus de vivres? Pour que les arbres repoussent, cela prendra des années. »

Le pasteur Simon répondit : « Moïse, nous avons passé une longue journée. Je suis fatigué et je crois qu'il est temps d'aller se coucher. Nous avons vu beaucoup de choses et avons eu de bonnes conversations. Demain matin, Jean, toi et moi, nous pourrons prendre le petit déjeuner ensemble et ensuite discuter de ce que vous pouvez faire pour produire plus de nourriture et rendre vos gens plus prospères. Maintenant, prions ensemble et remercions Dieu pour sa Parole, pour la vie qu'il nous donne et pour la sagesse qu'il nous accorde lorsque nous la lui demandons. »

Pastè Simon reponn, "Moyiz, nou gentan pase tout yon jounen jodia. Mwen fatige mwen panse se lè pou nou kouche. Nou gentan pale sou anpil bèl bagay. Nan maten, ou menm, Jean ak mwen n ap pran dejene ansanm epi aprèsa, n ap diskite kisa ou k ap fè pou donnen plis manje epi pèmèt pèp ou a fè plis benefis nan aktivite yo. Ann nou prye Bondye ansanm epi di li mèsi pou pawòl, li pou lavi li ban nou epi pou konesans li ban nou lè nou mande l."

Questions d'étude

Lisez Genèse 1.27 – 30. Dieu a créé l'homme et la femme à son image et leur a donné l'ordre de gouverner la terre et de régner sur toutes les créatures que Dieu a créées. Nous représentons Dieu sur la terre et nous devons la gouverner avec lui.

1. *Comment pouvons-nous étudier la terre et la gouverner afin d'apprendre comment produire plus de vivres ?*

2. *Quelle sagesse nos ancêtres avaient-ils concernant la production de vivres? Faites une liste de toutes les bonnes traditions qu'ils avaient concernant la terre et la forêt.*

3. *Qu'est-ce que nous pouvons apprendre de la Parole de Dieu concernant la production de vivres?*

4. *Comment la science peut-elle nous aider en cela ?*

5. *Lisez Matthieu 25.14 – 30. Comment pouvons-nous appliquer cette parabole quant à la manière dont nous*

utilisons la terre que Dieu nous a donnée ?

6. *De quelle façon ceci peut-il nous aider à avoir la vie abondante que Jésus veut que nous ayons ?*

CHAPITRE 5

Pourquoi planter des arbres autour des champs ?

A l'extérieur de la maison du pasteur Simon, brûlait un feu lumineux. Lui, Jean, et Moïse s'assirent tout autour à causer. Le pasteur Simon commença à expliquer à Moïse comment commencer la plantation de nouveaux arbres.

« En Afrique, nous avons plus de mille différents types d'arbres. Certains arbres sont bons pour la production de bois de construction de maisons et pour la confection de meubles. D'autres arbres nous procurent des fruits pour notre consommation. D'autres encore sont utiles pour rendre le sol fertile dans nos champs et nos jardins afin de produire plus de vivres. D'autres arbres tels que l'acacia, le grévilléa et d'autres arbres qui poussent rapidement, procurent du bon bois de chauffe. Parlons en premier lieu de la plantation d'arbres autour de nos champs et jardins. »

Moïse était curieux. « Pourquoi devrions-nous faire cela? »

Les arbres aux bords des champs nous aident de plusieurs manières

1. Une haie vive

Le Pasteur répondit : « Moïse, les arbres qui poussent autour des limites de nos champs et de nos jardins peuvent nous aider de plusieurs manières. Une de ces manières est de faire une clôture vivante pour garder nos animaux. Une bonne clôture coûte de l'argent et devra être remplacée après quelques années. Une clôture vivante ne coûte rien hormis le travail, et elle peut durer de nombreuses années.

Une clôture vivante est constituée d'arbres poussant ensemble de façon serrée

« Je ne comprends pas ce que tu veux dire par 'clôture vivante » dit Moïse.

« Une clôture vivante est une rangée d'arbres espacée de 50 à 100 cm. Vous attachez entre eux des lames de palmiers ou d'autres branches pour faire une clôture. Taillez continuellement les arbres, les laissant à pas plus de deux mètres de hauteur. Ils vont ainsi faire pousser des branches pour remplir la clôture. Cela empêche les animaux d'entrer dans les champs. »

2. La lutte contre l'érosion

Le pasteur Simon continua : « Une deuxième raison de planter des arbres autour de vos champs est d'arrêter l'érosion. L'érosion est un grand problème dans l'agriculture. Les arbres qui poussent aux bordures des champs sur des pentes aident à arrêter l'érosion causée par l'eau. Ils empêchent que le sol soit emporté par des pluies diluviennes. J'ai deux champs sur le versant de la colline. Les arbres aux abords empêchent que le ruissellement des eaux de pluie n'emporte beaucoup de terre. »

3. L'érosion causée par le vent

Jean prit la parole: « Certaines espèces de grands arbres peuvent très bien convenir comme arbres de bordure. Des arbres tels que le ***grévilléa*** et quelques autres arbres indigènes peuvent atteindre plusieurs mètres de hauteur en étant rapprochés les uns des autres. Du fait de leur hauteur, ils protègent le sol contre les vents violents. En d'autres termes, ils arrêtent **l'érosion causée par le vent**.

« Tant dans les vallées où la terre est plate, que dans les champs sur les flancs de coteau, les vents violents peuvent emporter beaucoup de sol. Si vous avez de grands arbres autour de vos champs, cela va arrêter l'érosion causée par le vent. Les grands arbres peuvent ne pas être utiles cependant, si vos champs sont petits. Ils créeraient trop d'ombre. Mais si vos champs sont vastes, de la taille d'un hectare ou de quelques acres, les grands arbres conviennent.

« Dans certains endroits, le vent est très fort et les champs sont assez vastes. Dans ces endroits il est bon de planter deux ou trois rangées d'arbres sur la bordure de ces champs, ajouta-t-il. Les arbres de l'extérieur peuvent être plus courts. Ceux de l'intérieur peuvent atteindre plusieurs pieds (ou mètres) de hauteur. Cela va certainement arrêter l'érosion causée par le vent. »

Le pasteur Simon prit la parole: « Jean, je suis certain que cela est vrai. Mais mes champs sont tout à fait petits. Je n'ai pas de place pour deux ou trois rangées d'arbres autour de mes champs. Une rangée d'arbres suffit pour arrêter l'érosion causée par le vent et l'eau. »

4. Le bois de chauffe

Ensuite, le Pasteur avança une autre raison pour laquelle les arbres plantés aux abords des champs peuvent nous servir. « Des branches poussent de ces arbres. Lorsqu'ils atteignent à peu près l'épaisseur de mon bras, je les coupe, les sèche, et les utilise comme bois de chauffe. »

Moïse prit la parole: « C'est très intéressant, Pasteur. Je ne savais pas que les arbres pouvaient être si utiles. »

Le pasteur Simon sourit. « Oui, ils nous sont très utiles. Voici encore d'autres manières par lesquelles il peuvent nous servir ».

5. Des poteaux pour construire des maisons

« Les grands arbres peuvent nous procurer des poteaux pour construire des maisons, continua-t-il. Certains grands arbres, comme le grévilléa, poussent très haut et tout droit. Vous pouvez couper l'arbre d'un mètre à partir du sol pour avoir un poteau tout droit. L'arbre continuera à repousser à partir de la souche et va redevenir grand. Ne les coupez pas tous à la fois, mais coupez un arbre sur cinq ou dix. De cette façon, la clôture vivante restera toujours présente pour vous servir. »

6. Restaurer la fertilité du sol

« Moïse, l'autre jour nous avons parlé d'une autre façon dont les arbres servent », continua le pasteur. Avoir des arbres tels que le faux mimosa ou l'acacia autour des bordures des champs aide le sol à produire plus de vivres. »

« Oui, j'ai vu cela dans vos champs. Mais comment les arbres peuvent-ils nous aider à produire plus de vivres dans nos champs et nos jardins ?» demanda Moïse.

« Jean, réponds s'il te plait à la question de Moïse» dit le pasteur Simon.

Jean commença : «Tous les arbres et plantes, y compris ceux que nous plantons pour la nourriture, ont besoin d'azote pour une bonne croissance. L'air que nous respirons contient 80% d'azote. Mais la plupart de plantes ne peuvent pas utiliser l'azote de l'air. Elles doivent le tirer du sol à travers leurs racines.

« Il y a un type d'arbre qui prend l'azote de l'air et le fixe dans le sol. Nous appelons ce type d'arbre un légumineux. Ces arbres produisent de longues fèves qui se fractionnent en une seule soudure. Le faux mimosa et l'acacia ainsi que d'autres types d'arbres sont ainsi. Oncle Simon, je crois que tu as des faux mimosas autour de tes champs. »

« C'est vrai, répondit le pasteur. Moïse, j'ai planté à la fois des faux mimosas et des acacias aux abords de mes champs et jardins. Leurs racines apportent de l'azote au sol et cela aide à la bonne croissance des cultures. Demain, nous irons voir mes champs et les arbres qui améliorent le sol. »

7. Du paillis pour les cultures

« Les branches des arbres du faux mimosa et de l'acacia procurent du bon paillis, dit Jean. Cependant, les branches de l'acacia ont de longues épines et c'est pourquoi vous ne pouvez utiliser que les nouvelles petites branches avant qu'elles n'aient des épines pointues. Les branches du grévilléa procurent également du bon paillis. Vous coupez quelques-unes des nouvelles branches de ces arbres de bordure et les étalez sur le sol entre les plants de maïs, de haricots, de mil et d'autres cultures. Les feuilles se décomposent et font du fumier pour aider à une meilleure croissance des cultures. Le paillis permet d'éviter que la chaleur du soleil n'assèche le sol rapidement. Le sol reste donc humide plus longtemps et cela aide les cultures à mieux croître. »

8. Des aliments pour les animaux

Robert prit la parole: « Leurs branches procurent également de bons aliments pour les animaux. J'en nourris mes chèvres et mes moutons. Cela les aide à mieux croître.»

« Tu vois, Moïse. Planter des arbres sur les bordures de vos champs peut vous aider de plusieurs façons, » dit le pasteur.

9. La culture en bandes alternées

Il ajouta ainsi : « Je fais aussi quelque chose d'autre de très utile avec ces légumineux. Dans mes champs sur la colline, j'ai fait des rangées parallèles d'acacia angustissima espacées de cinq mètres partout dans mes champs, horizontalement le long de la pente. De cette façon, je peux mettre des cultures entre ces rangées. Nous appelons cela 'culture en bandes alternées'. Cela m'aide vraiment à produire plus de vivres chaque année. Les racines enrichissent le sol en y transférant l'azote qui aide à la bonne croissance des cultures. Les branches coupées de ces arbres couvrent le sol et protègent les plantes qui poussent. »

Planter les arbres comme bordures et pour les champs

« Comment as-tu réussi à planter ces arbres dans tes champs ? » demanda Moïse.

Avant que le pasteur Simon ait eu le temps de répondre à cette question, le pasteur Henri, du village de Kaledi et un groupe d'hommes et de femmes membres de son église entrèrent dans la cour du pasteur Simon. Le pasteur Henri salua le pasteur Simon et présenta le groupe de gens qui l'accompagnait. Il s'expliqua : « Nous savons que vous aidez les gens à apprendre comment cultiver plus de vivres. Nos gens ont des difficultés pour produire suffisamment de vivres. C'est pourquoi nous sommes venus discuter avec vous.»

« Merveilleux ! répondit le pasteur Simon. Lui et Jean apportèrent rapidement plusieurs chaises et les mirent en cercle. «Veuillez-vous asseoir et joignez-vous à la conversation. Voici le chef Moïse, du village de Malenga. Nous sommes en train de discuter de comment la plantation d'arbres autour de nos champs nous aide à produire plus de vivres. »

Le pasteur Simon et Jean reprirent les idées de ce dont ils discutaient. Ils expliquèrent au groupe de Kaledi comment le fait de planter des arbres sur les bordures des champs et des jardins peut aider à produire plus de vivres.

Pastè Henry te reponn, "Nou pa konn kijan pou plante bwa. Èske w ka ede nou nan sa?"

Le pasteur Henri dit : « Nous ne savons pas comment planter des arbres. Pouvez-vous nous aider ? »

« Bien sûr, » répondit pasteur Simon. «Vous nous avez rejoint au bon moment. Moïse nous a justement posé cette question. Nous pouvons maintenant vous expliquer tout sur comment planter de nouveaux arbres. »

A ce moment, Virginie, la femme de Pasteur Simon, sortit avec une grosse théière et beaucoup de tasses. Elle commença à servir du thé à chaque personne qui était dans le groupe. Sa fille Denise la suivait avec un plateau plein des biscuits. Comme le groupe commençait à prendre du thé et les biscuits, ils remercièrent l'épouse du pasteur Simon ainsi que sa fille. Ils remercièrent aussi le pasteur Simon pour les avoir autorisés à prendre part à la discussion.

Questions d'étude

1. *Quels sont les bons arbres à planter autour des champs et jardins ?*

2. *Comment ces arbres aident-ils à produire plus de vivres ?*

3. *La Bible parle de 'l'arbre de la vie'. Nous le trouvons dans Genèse chapitre 2 et Apocalypse chapitre 22. Pourquoi pensez-vous que Dieu ait choisi l'arbre comme symbole de la vie ?*

CHAPITRE 6

Faire pousser de nouveaux arbres dans une pépinière

Lorsqu'ils finirent de boire leur thé, le pasteur Simon commença à leur expliquer comment il plante des arbres aux abords de ses champs. « Je fais pousser les arbres de faux mimosa ou d'acacia à partir des graines. Il y a deux façons de faire pousser ces graines. La première consiste à les semer directement dans le sol le long des abords des champs. J'utilise d'abord ma houe pour rendre la terre meuble de façon à aider les graines à pousser facilement. Ensuite j'ajoute du compost pour rendre la terre riche. Je fais cela au début de la saison des pluies. De cette manière je n'ai besoin d'arroser les jeunes arbres que seulement lorsque la pluie ne tombe pas pendant plus de trois jours. »

« Une autre façon consiste à semer les graines dans une pépinière. Lorsqu'elles ont bien poussé, je les repique au lieu de mon choix. »

Jean prit la parole : « Nous faisons cela de nombreuses fois à l'école. Nous avons une grande pépinière pour la plantation de nouveaux arbres ».

« Qu'est-ce qu'une pépinière ? » demanda Moïse.

Commencer une pépinière

« Une pépinière est un endroit spécial pour faire pousser de nouvelles plantes ou de nouveaux arbres, répondit Jean. Elle nécessite beaucoup de travail et de soins, mais c'est une excellente façon de commencer à faire pousser de nouveaux arbres qui peuvent vraiment aider vos jardins et vos champs. Tu peux le faire seul ou vous pouvez le faire en communauté comme projet communautaire. »

« Comment commence-t-on une pépinière ?» demanda Moïse.

Jean répondit : « Premièrement, trouve un endroit à l'extérieur près de ta maison, là où il y a de l'ombre. Il faut protéger les jeunes plantes contre le soleil ardent. Un espace de quinze pieds (cinq mètres) sur huit (deux mètres et demi) pourrait suffire si tu le fais seul. Ce devrait être plus grand si c'est la communauté qui s'engage à planter beaucoup d'arbres. Si tu n'as pas un endroit avec assez d'ombre pendant une grande partie de la journée, alors tu devras construire un abri fait de bouts de bois au-dessus de la pépinière et le couvrir de branches d'arbres. Elle doit laisser filtrer des rayons du soleil mais pas trop. Si tu as de l'argent, achète un filet lourd pour couvrir la pépinière et la protéger contre les fortes pluies et les oiseaux. Tu auras aussi besoin d'eau pour arroser chaque jour les nouvelles plantes. »

Faire pousser de nouveaux arbres dans des sacs en plastique

« Comment puis-je commencer à planter ces nouveaux arbres ? » demanda Moïse.

« Une façon de le faire est semer les graines dans des sacs en plastique, répondit Jean. Tu auras besoin de beaucoup de sacs parce que tu sèmeras une graine d'arbre dans chaque sac. Un sac devra être assez large pour contenir à peu près un litre de terre. Remplis chaque sac avec de la bonne terre contenant du compost et un peu de sable pour la rendre meuble.

« Cherche de la bonne terre quelque part, parfois au bord d'un ruisseau dans une vallée. Ensuite cherche aussi du fumier de chèvres, de poulets ou de vaches. Prends quatre pelletées de bonne terre, une pelletée de fumier et une pelletée de sable.

Mélange-les bien ensemble, et ensuite commence à remplir les sacs. Mets-en un peu dans le sac, puis presse doucement. Ensuite, ajoute encore et presse encore doucement. Fais ceci 3 ou 4 fois jusqu'à ce que le sac soit presque plein.

« Fais de petits trous au fond sur la partie inférieure de chaque sac. Ces trous laisseront couler l'eau du sac. Tu devras garder la terre humide mais pas trop mouillée. Les sacs sont maintenant prêts pour que tu y sèmes des graines d'arbres. »

Faire pousser de nouveaux arbres dans des lits germination

Le pasteur Simon prit la parole : « Jean, les sacs en plastique coûtent de l'argent et parfois ils sont difficiles à trouver. On peut avoir une pépinière d'arbres en semant tout simplement les graines dans des lits de germination. On les repique ensuite lorsqu'ils deviennent de petits arbres. Les lits de germination doivent être élevés à une hauteur de 20 cm du sol. La terre dans les lits de germination doit être meuble et contenir beaucoup de compost ou un peu de fumier d'animaux pour aider les graines à bien pousser. »

« Cela m'arrange, dit Moïse. Je n'ai pas d'argent pour acheter des sacs. Je pourrais arranger un petit endroit proche de ma maison et y faire une pépinière directement au sol. »

« Bien, répondit le pasteur. Rende le sol qui s'y trouve aussi bon que tu le peux avec du compost et du fumier. Cependant, il faudrait veiller à ce que les poules, les chèvres et autres animaux n'y entrent pas. Ils peuvent détruire une pépinière en quelques minutes seulement. C'est pourquoi il est nécessaire d'avoir une clôture solide. »

Une pépinière avec de petits arbres poussant dans des sacs et dans des lits de germination.

Des sacs ou des lits de germination?

Jean parut inquiet. « Oncle Simon, dit-il, malgré la difficulté, il vaut mieux semer de nouveaux arbres dans des sacs. Voici quelques raisons :

1. Il faut beaucoup d'eau pour arroser de jeunes arbres dans les lits de germination, mais juste un peu d'eau lorsqu'ils sont dans des sacs.

2. Lorsque ces jeunes arbres ont poussé mais sont encore petits, ils auront besoin de davantage de soleil. Il est plus facile de déplacer les sacs à l'endroit où il y a

plus de soleil. Tu ne peux pas déplacer de petits arbres se trouvant dans un lit de germination. Evidemment, dans ce cas tu peux enlever certaines branches de l'abri pour faire passer des rayons de soleil.

3. Il est facile de repiquer les petits arbres des sacs à l'endroit où on veut planter les arbres. Il suffit tout simplement de transporter le sac à l'endroit où on veut planter l'arbre. Si l'endroit est loin, transporter un sac est facile. Le déplacement d'un arbre arraché du lit de germination peut être difficile. Beaucoup de dégâts peuvent affecter les racines. Mais quand le petit arbre est toujours dans le sac jusqu'à ce qu'il entre dans le trou, aucun dégât ne se produit. »

« Je suggère donc de tout faire pour avoir les sacs en plastique, conclut Jean. Evidemment, si on ne peut pas en trouver ou si on n'a pas d'argent pour les acheter, on fait alors des lits de germination. »

« Où pourrais-je trouver des graines d'arbres ? » demanda Moise.

Planter des graines d'arbres

Jean dit : « Les graines de l'acacia et du faux mimosa peuvent se trouver facilement. Je suis sûr que le pasteur Simon peut t'en donner parce que chaque arbre produit beaucoup de graines. Recherche les meilleures graines sur les bons arbres, celles qui sont grosses et ont l'air en bon état. »

« Comment pourrais-je les planter? » demanda Moïse.

« Observe la taille de chaque graine. Introduis ton doigt dans la terre du lit de germination ou dans le sac pour faire un petit trou. Ce trou devra être d'une profondeur double de la largeur de la graine. Mets 3 à 5 graines dans chaque trou. C'est pour t'assurer qu'au moins une de ces trois graines va pousser. Si trois ou quatre poussent, arrache tout sauf le meilleure plant. Tu as seulement besoin d'un arbre dans chaque trou ou sac. »

Le pasteur Simon ajouta: « Tu peux aussi utiliser de petits pots en argile ou en plastique au lieu de sacs en plastique. Les pots devront avoir chacun un trou en bas pour faire couler l'eau. L'ouverture du pot devra être plus large que la partie inférieure pour faire sortir facilement la jeune plante lors du repiquage. »

« Arrose les lits de germination, les sacs ou les pots chaque soir, continua Jean. Si les graines sont dans des sacs, mets-y de l'eau jusqu'à ce qu'elle commence à couler par les petits trous près du bas du sac. Cela suffira pour garder la terre humide. »

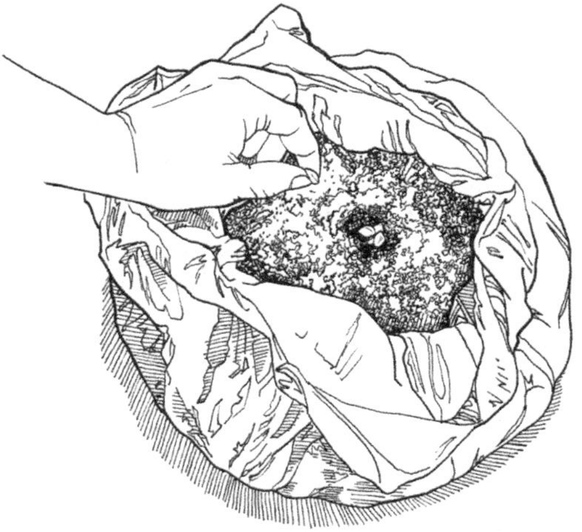

Le semis de graines dans un sac.

« L'eau est tellement un problème, dit Moïse. Les femmes doivent parcourir de longues distances chaque jour pour chercher de l'eau qui ne suffit même pas. »

Jean éclata de rire. « Je comprends ce que tu dis. Sais-tu cependant que vous versez chaque jour beaucoup d'eau – en faisant la cuisine, en vous lavant les mains ou en prenant une douche? Ne gaspillez pas cette eau. Vous pouvez l'utiliser pour arroser votre jardin ou votre pépinière. »

« Même si l'eau contient du savon? » demanda Moïse.

« Oui, répondit Jean. Cependant, lorsque l'eau contient du savon, ne la versez pas sur les plantes ou les jeunes arbres. Versez-la soigneusement sur le sol au pied des plantes ou des arbres. De cette façon, l'eau entre dans le sol, sans que le savon n'endommage les plantes ou les arbres. »

Il continua : « Si tu sèmes directement les graines dans les lits de germination de la pépinière, fais-le à un intervalle de 20 cm. »

Moïse demanda : « Quel est le bon moment pour commencer cette pépinière ? »

Le pasteur Simon répondit : « Commence au début de la saison sèche lorsque tu peux trouver de bonnes graines. Tu veux avoir de jeunes arbres prêts pour le repiquage lorsque les pluies commenceront. Ainsi tu n'auras pas à arroser chaque jour ces jeunes arbres repiqués. Les jeunes plants doivent passer quatre à six mois dans la pépinière. Les tiges devront avoir la dimension d'un crayon avant qu'ils ne soient repiqués. Les faux mimosas et les acacias croissent plus rapidement. Mais même ceux-ci devront avoir la dimension d'un crayon ou même plus avant d'être repiqués. »

Le repiquage des arbres à partir de la pépinière

Moïse demanda : « Où devrais-je planter ces arbres lorsqu'ils deviennent grands ? »

Le pasteur Simon répondit : « Plante les faux mimosas et les acacias aux abords de tes jardins et de tes champs. Ils fixeront rapidement l'azote dans le sol. Cela contribue à la bonne croissance des cultures. Je te montrerai demain les arbres qui se trouvent autour de nos champs d'ici. »

« A quelle intervalle devrais-je les planter? »

« Cela dépend, répondit le Pasteur. Si tu les plantes serrés, disons trois pieds (1 mètre) ou moins, ils formeront une clôture vivante autour de ton champ qui empêchera l'entrée du bétail et des chèvres. Attache des lames de palmier, des branches ou des languettes de bambou entre ces arbres pour faire une clôture étroite. Si tu as déjà une clôture autour de ton champ, tu peux les planter à un intervalle de six à dix pieds (deux à trois mètres). »

Moïse dit : « Je crois que je comprends cela. Dites-moi maintenant comment les jeunes plantes de la pépinière devraient être plantées là où elles croîtront pour devenir de grands arbres. »

« Nous appelons cela 'le repiquage', dit Jean. Le jeune arbre devrait avoir au moins une hauteur de 8 pouces (20 cm). La tige devrait avoir la grosseur d'un crayon ou plus. Si le jeune arbre est dans un grand sac, il peut même atteindre un pied et demi de hauteur (50 cm).

« Premièrement, creuse des trous là où tu veux planter les arbres. Chaque trou devrait avoir presque 60 cm de largeur et de profondeur. Cela permettra la croissance rapide des racines de ces jeunes arbres. Mets d'un côté la terre de surface tirée du trou. Puis, de l'autre côté, la terre tirée du fond du trou.

« Tôt le matin avant de repiquer les arbres, verse de l'eau sur chaque jeune arbre de sorte que la terre soit humide. Si les jeunes arbres sont dans des sacs, amène à la fois tous les arbres que tu veux repiquer à l'endroit prévu à cet effet. Place un arbre dans son sac à côté de chaque trou. »

« Comment puis-je placer chaque jeune plante dans la terre? » demanda Moïse.

Protéger les racines des jeunes plantes !

Jean répondit : « Il est important de garder de la terre autour des racines de la jeune plante. Cela protège les racines fragiles dont les jeunes arbres ont besoin pour leur bonne croissance. L'opération devient facile lorsque les jeunes arbres se trouvent dans des sacs. Coupe ou détache soigneusement le sac de chaque côté. Enlève-le du dessus de la motte de terre autour des racines. Protège la terre pour qu'elle ne tombe pas. Mets la main sous la motte de terre avec le jeune arbre et place-le soigneusement dans le trou.

Comment enlever un jeune arbre de son trou dans la pépinière.

Vérifie que toutes les racines soient placées et orientées vers le bas dans le sol. Il se peut que les racines soient enroulées au fond ou qu'elles croissent dans le sens oblique. Si c'est le cas, essaye de tirer certaines racines doucement vers le bas. Les jeunes arbres croitront mieux si toutes les racines sont dirigées vers le bas.

« Si le jeune arbre est dans un pot, renverse doucement le pot. Tire soigneusement le jeune arbre vers le bas et il sortira avec la terre autour des racines.»

Moïse dit : « Je ferai ma pépinière juste sur le sol comme l'a dit le pasteur Simon. Je n'ai pas d'argent pour acheter les sacs. Comment puis-je transporter ces jeunes arbres jusqu'à l'endroit où je veux les planter ? »

« Cela doit être fait soigneusement, répondit le pasteur Simon. Protège bien les racines. Premièrement, j'arrose chaque arbre dans la pépinière. Je prends une pelle et l'enfonce dans la terre autour de chaque jeune arbre. Si les jeunes arbres sont séparés d'un intervalle de 8 pouces (20 cm), coupe le sol autour de chaque jeune arbre à 4 pouces (10 cm) de la tige. Je coupe en profondeur selon le besoin – plus d'un pied (30 ou 40 cm) – pour m'assurer d'avoir toutes les racines. J'enlève chaque jeune arbre soigneusement pour garder la motte de terre autour des racines. C'est de

La mise en terre d'un jeune plan.

cette façon que les racines ne pourront pas être endommagées. J'amène chaque jeune arbre avec sa motte de terre dans la paume de ma main vers le trou où je veux le repiquer. Je le place directement dans le trou. Je fais ce repiquage tôt le matin ou tard dans la soirée. Cela réduit le stress sur le jeune arbre. »

Tasser la terre autour d'un arbre repiqué.

Jean ajouta : « Assure-toi qu'il y ait assez de place pour l'expansion des racines en bas et hors de la motte de terre. Si la motte de terre semble assez dure, rend-la un peu meuble avec tes doigts. Puis, mets doucement la terre de surface tirée du trou autour de la motte la terre avec les racines de la jeune plante. Termine en remplissant le trou avec la terre tirée du fond du trou.

« N'accumule pas de la terre autour de la tige ou du tronc du jeune arbre. Remplis le trou jusqu'au niveau normal de la motte de terre retirée du sac dans lequel l'arbre a poussé. Puis, tasse doucement la terre avec les mains autour de la jeune plante. Cela empêche des poches d'air de rester dans la terre autour des racines. Les poches d'air font sécher les racines. Enfin, mets davantage d'eau autour. La terre autour de l'arbre devra être moins élevée que le sol tout autour. De cette façon, les eaux des pluies vont s'y rassembler et s'infiltrer vers les racines du jeune arbre. »

L'eau et la protection

Le pasteur Simon ajouta : « Voici une autre chose importante.

Une clôture protégeant un arbre nouvellement planté contre les animaux

Vous devez travailler ensemble pour vous assurer que les bœufs, les chèvres ou d'autres animaux n'aillent pas où vous avez planté les nouveaux arbres. Car, s'ils y vont, ils peuvent les détruire rapidement ».

« Dois-je continuer à arroser les arbres nouvellement plantés ? » demanda Moïse.

« Cela dépend de la pluie, répondit Jean. Il est bon de faire le repiquage au début de la saison des pluies. S'il pleut une ou deux fois par semaine, tu n'auras pas besoin de l'arroser. Cependant, s'il ne pleut pas, tu devrais mettre jusqu'à un seau d'eau sur chaque jeune arbre deux fois par semaine ».

« Hein! C'est beaucoup de travail!» s'exclama Moïse.

« Bien sûr, c'est beaucoup du travail, répliqua le pasteur. Mais c'est un bon travail, parce qu'il augmentera la quantité de nourriture que vous pouvez cultiver. Tu dis que vos champs produisent peu de vivres actuellement. Cependant, dans deux ou trois ans, vous tirerez de vos champs plus de produits alimentaires à cause de l'azote que les acacias ou les faux mimosas fixent dans le sol. Je te montrerai demain comment cela a aidé mes champs à produire plus de vivres.»

«C'est pourquoi il vaut mieux repiquer les jeunes arbres pendant la saison des pluies dit Jean. Tu peux semer les graines à tout moment dans la pépinière parce qu'il est facile de les arroser. Et les jeunes arbres n'ont pas besoin de beaucoup d'eau.»

Le pasteur Simon ajouta : « Il est important d'empêcher la croissance des mauvaises herbes autour des jeunes arbres jusqu'à ce qu'ils soient assez grands. Il faut désherber l'espace sous les arbres d'un périmètre de 2 à 3 pieds (50 à 100 cm). »

« Peut-on planter des arbres fruitiers de la même façon ? » demanda Moïse.

Le pasteur Simon sourit et dit : « C'est un autre grand sujet et qui est important également. Etes-vous fatigués ou pouvons-nous en parler maintenant ? »

« Bien sûr, parlons-en maintenant » répondit Moïse. « Je veux apprendre de toi et de Jean autant que possible. »

Questions d'étude

1. *Que devons-nous avoir et que devons-nous faire pour commencer une pépinière d'arbres ?*
2. *Comment une église, une école ou une communauté entière peut-elle commencer une pépinière ?*
3. *Où pouvons-nous trouver les graines des arbres que*

nous voulons faire pousser?

4. *Quelles sont les choses que nous devons faire pour aider les graines à devenir des arbres ?*
5. *Quels sont les règles à suivre lorsque nous repiquons un jeune arbre à l'endroit prévu pour sa croissance ?*
6. *Si nous repiquons un jeune arbre et qu'il meurt, quelles pourraient en être les causes ?*

CHAPITRE 7

La plantation d'arbres fruitiers

La plantation de citronniers ou de goyaviers

Jean commença à discuter avec Moïse à propos de la plantation d'arbres fruitiers. «Tu peux obtenir les graines à partir de fruits tels les citrons ou les goyaves et les semer dans une pépinière. Mets d'abord les graines sur une natte ou un plancher à l'ombre où elles peuvent sécher complètement. Ne les couvre pas, mais laisse-les en plein air ».

Le pasteur Simon ajouta : « Tu peux recueillir les graines à tout moment de l'année. Lorsqu'elles sèchent, conserve-les dans une bouteille ou une boîte fermée afin de les conserver jusqu'au moment de les faire pousser. »

Jean ajouta : « Les arbres fruitiers germent et croissent lentement. Donc il faut semer les graines dans des sacs ou dans un lit de germination 3 à 6 mois avant le retour des pluies. Les jeunes arbres seront prêts pour le repiquage quand les pluies débuteront.

L'extraction des graines de citron et leur trempage dans l'eau.

On peut aider les graines du citronnier et du goyavier à mieux germer en les trempant dans de l'eau pendant deux jours avant de les faire pousser dans des sacs ou directement sur le sol. Ou bien, chauffe de l'eau dans une boîte métallique jusqu'à ce qu'elle commence presque à bouillir. Ote-la du feu et verse les graines dans l'eau chaude. Laisse-y les graines et laisse l'eau se refroidir pendant la nuit. Cela rendra la coquille des graines molle.

« Puis-je semer les graines directement dans la terre où je veux faire grandir les arbres ? » demanda Moïse.

« Oui, c'est possible, répondit le pasteur Simon. Il faudrait faire cela au début de la saison des pluies. Mets deux à cinq graines dans chaque trou. Si plus d'une graine germe, il faut en laisser une et arracher les autres. Au cas où il n'y a pas eu de pluie pendant trois jours ou plus, on doit les arroser régulièrement. Arrache les mauvaises herbes autour des pousses pour qu'elles ne les envahissent pas. Veille à protéger les jeunes arbres contre les animaux. »

Planter les citronniers à partir des boutures

Le pasteur Simon dit : «Moïse, on peut aussi planter les citronniers avec des boutures obtenues d'un bon arbre, et les planter directement dans la terre à l'endroit où on veut faire croître les jeunes arbres. »

« Comment le fait-on? » demanda Moïse

Le pasteur Simon répondit : « On remue premièrement la terre là où on veut planter le nouvel arbre. On rend la terre meuble pour permettre aux boutures de faire pousser des racines facilement.

« Cherche des branches robustes d'un bon citronnier, des branches d'au moins une année. Elles doivent avoir un à trois cm d'épaisseur, comme ton pouce ou ton majeur. Tranche chaque branche avec une hache ou une machette tranchante. Chaque branche devra avoir une longueur d'environ un pied (un demi-mètre). Coupe la partie mince de l'extrémité. Place-les sur une planche. Coupe l'extrémité de l'arbre (l'extrémité inférieure) en diagonale ou en oblique avec une machette tranchante de sorte à obtenir une coupure nette. Enlève les feuilles de chaque bouture sauf une ou deux feuilles à l'extrémité supérieure ou extérieure de la bouture. De cette façon, on peut distinguer lequel des bouts on doit enfoncer dans la terre. On enfonce dans la terre l'extrémité oblique. L'extrémité avec une ou des feuilles va pointer vers le haut à l'extérieur.

« Plante ces boutures dans un sol meuble. Enfonce-les dans la terre à au moins la moitié de leur longueur. Il faut s'assurer vraiment que ce soit le bout qui reliait la branche à l'arbre qui est enfoncé dans la terre. C'est très important car, si on plante l'extrémité supérieure, la bouture ne germera pas.

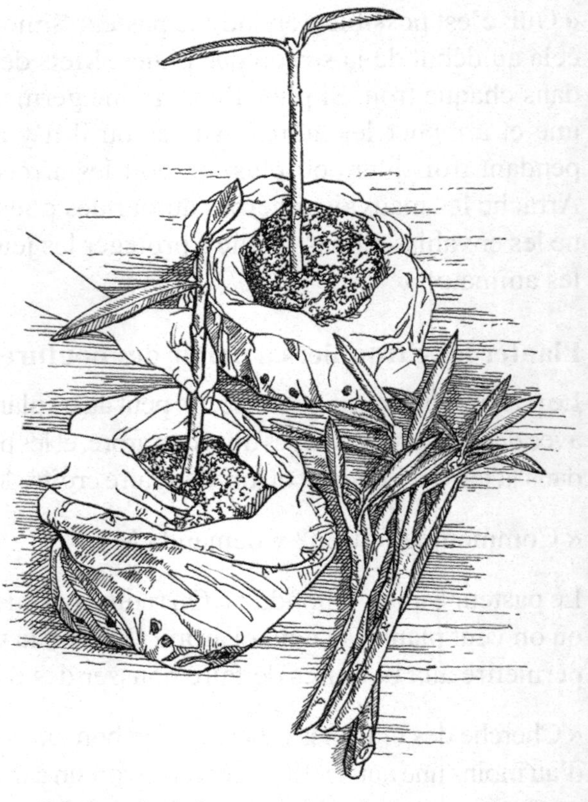

La plantation de boutures dans des sacs en plastique

Verse de l'eau sur chaque bouture. Il faut planter les boutures au début de la saison des pluies. Il faut aussi veiller à les arroser chaque jour qu'il ne pleut pas. »

Jean prit la parole: « Si tu as quelques sacs en plastique, tu peux y planter les boutures. Dans ce cas tu peux les planter à n'importe quel moment. Lorsqu'elles sont prêtes pour le repiquage, tu peux juste transporter les sacs à l'endroit que tu as prévu pour l'emplacement de l'arbre. De nouveaux bourgeons et de nouvelles feuilles vont bientôt commencer à pousser. Cependant, il faudra deux à trois mois pour que les racines se développent sous terre. Ce n'est qu'à ce moment que la bouture va commencer à devenir un nouvel arbre. Certaines boutures vont mourir. Fais-le bien et peut être la moitié de ces boutures deviendront de nouveaux arbres. »

Le greffage des citronniers

« Voici mon problème, dit Moïse. Nous avons des orangers et des citronniers à Malenga, mais qui produisent des fruits aigres. Nous ne voulons plus planter des arbres de ce genre.»

« Il y a deux solutions à ce problème, dit Jean. La première est de venir à l'école agricole et obtenir des graines d'orangers, de pamplemoussiers et de citronniers sucrés.

« L'autre solution est la meilleure, mais elle demande une certaine habileté. Il s'agit de greffer à vos orangers et citronniers au goût aigre des branches d'orangers et de citronniers au goût sucré. Vos arbres au goût aigre croissent bien à Malenga et produisent de bonnes racines. Greffez alors des branches d'orangers ou de citronniers sucrés sur de vieux arbres au goût aigre. Ces branches croitront et produiront des fruits sucrés ».

« Comment donc fait-on cela?» demanda Moïse.

« Il faut une certaine dextérité pour le faire correctement, dit Jean. Si vous le voulez, envoyez un ou deux de vos hommes à l'école agricole et nous allons leur enseigner comment le faire. Ils pourront ensuite prendre de petites branches d'arbres au goût sucré pour les greffer sur les arbres au goût aigre que vous avez déjà.»

« Cela me semble une bonne idée, dit Moïse. Nous voulons vraiment avoir des orangers, des citronniers et même des pamplemoussiers sucrés. Nous en discuterons et nous verrons qui nous pouvons envoyer à votre école. »

La plantation de manguiers et d'avocatiers

«Parlons maintenant des manguiers et des avocatiers, continua Jean. Nous pouvons les faire pousser directement à partir des noyaux. On prend des mangues ou avocats mûrs et d'apparence saine, cueillis d'un bon arbre. On enlève toute la chair et on laisse les noyaux sécher pendant quelques jours. Puis on les ouvre ou on casse le gros noyau de la mangue ou de l'avocat avant de les mettre en terre. Cela les aide à pousser rapidement. »

Le pasteur Simon ajouta : « Il faut les mettre en terre tout de suite. Après deux semaines ils ne sont plus vivants. On les sème lorsque le fruit est mûr. On enlève l'enveloppe qui couvre le noyau de la mangue. On place le noyau dans un trou peu profond pour qu'une partie du noyau reste non couverte par la terre. Le noyau de la mangue doit être placé dans la terre avec la grande courbe en haut et au-dessus du niveau du sol. Pour le noyau d'avocat, sa petite extrémité devra pointer vers le haut et au-dessus du niveau du sol. »

« Il faut garder la terre humide autour d'eux, surtout quand on voit les pousses sortir, dit Jean. Il faudra arroser les jeunes arbres

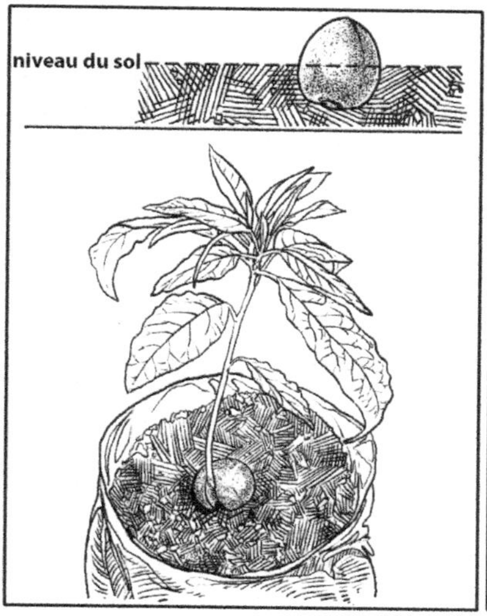

Mise en terre et croissance d'un noyau d'avocat

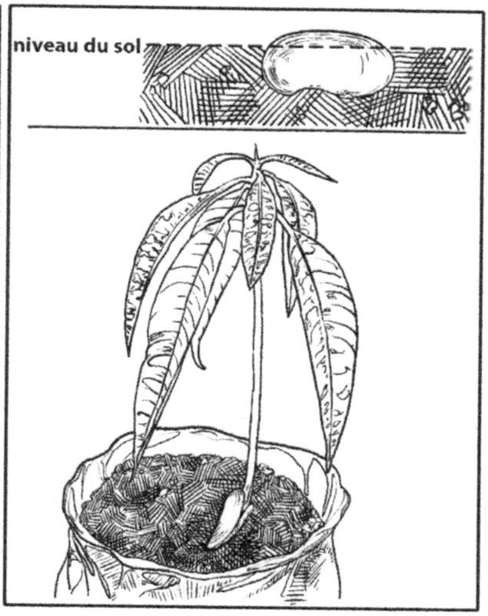

Un noyau de mangue en développement

régulièrement pendant toute la saison sèche suivante jusqu'à ce que les racines descendent suffisamment pour obtenir l'eau de la profondeur de la terre. »

« Il faut désherber les alentours de ces jeunes arbres pour qu'ils ne soient pas étouffés par les mauvaises herbes, continua le pasteur. Il faut construire une courte clôture autour de chaque arbre pour le protéger contre les animaux. Les chèvres peuvent rapidement détruire les jeunes arbres. »

Il ajouta encore : « Moïse, nous avons un proverbe qui dit ceci : 'D'un noyau de mangue nous obtenons un

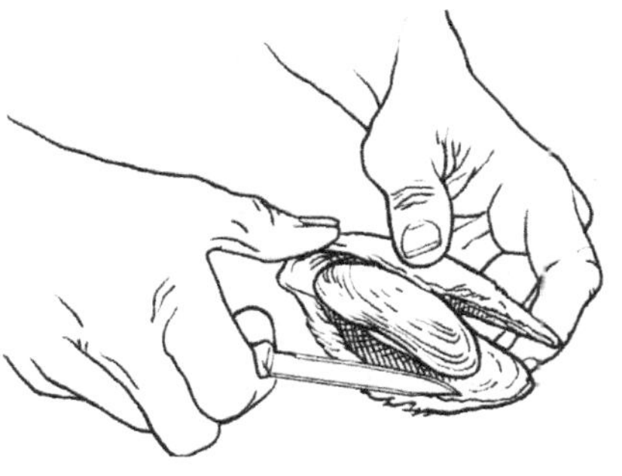

Ouverture d'un noyau à l'aide d'un couteau

arbre. D'un arbre nous pouvons obtenir des milliers de nouveaux arbres'. Donc n'oublie pas cela. Si tu as un bon manguier, tu peux en obtenir autant de nouveaux manguiers que tu voudras. »

La plantation des bananiers

« Avez-vous beaucoup de bananiers et de papayers ? » demanda Jean à Moïse.

« Quelques-uns de nos gens en ont, mais beaucoup n'en ont pas » répondit-il.

« Les gens qui en ont, les ont-ils plantés ? » demanda Jean.

« Oh non, répondit Moïse. Ils ont tout simplement poussé par hasard près de leurs maisons. »

« Eh bien ! Parlons de comment vous pouvez planter des bananiers et des papayers de sorte à avoir des bananes et des papayes durant presque toute l'année. Commençons par les bananiers.

« Les bananiers ne poussent pas à partir de graines. On obtient de nouveaux plants à partir de petites pousses que nous appelons des 'bulbes'. Ils croissent ensuite pour devenir des bananiers adultes. Tu vas voir un nouveau bulbe avec de petites feuilles vertes poussant à côté du bananier adulte. On appelle ce bulbe, l'arbre fille.

« Pour planter des pieds de bananiers chez toi, cherche un bulbe d'apparence robuste se trouvant à côté d'un bananier adulte sain. Le bulbe devra avoir de longues feuilles semblables à de longues machettes, ou bien assez larges. Il faut le déraciner et le secouer ou enlever toute la terre se trouvant dessus.

« Un vrai problème lorsqu'on plante des bananiers est celui des

Des bananiers avec des bulbes-filles prêts à être repiqués à un nouvel endroit.

vers microscopiques dans le sol appelés nématodes. On ne peut pas les voir à l'œil nu. Ils sont trop petits. On a deux choix pour se débarrasser de ces vers dans les bulbes. On prend une machette et on coupe toutes les petites racines. Il faut couper juste dans la chair du bulbe. Cela permet de se débarrasser de la plupart de ces minuscules vers. Ou bien, on peut alors mettre le bulbe dans un seau d'eau chaude dégageant de la vapeur, mais non bouillante. On le laisse-là pendant environ vingt minutes. Cela va tuer tous les vers minuscules et microscopiques qui peuvent endommager le jeune arbre.

« Il faut creuser un trou dont la profondeur équivaut à la longueur du bras, et qui a à peu près la même largeur. On plante le bulbe dans ce trou; on tasse la terre fermement autour et on y verse un seau d'eau. Il faut l'arroser chaque jour s'il ne pleut pas. On peut utiliser l'eau de la douche ou de la cuisine à cet effet. On peut planter encore deux autres bulbes sains tout près de sorte à avoir trois bananiers poussant en groupe. »

Le pasteur Simon poursuivit: « On met beaucoup de paillis autour du pied de chaque bulbe – des feuilles ou des herbes mortes, les ordures ménagères et un peu d'excréments de chèvres et de bœufs. Si on met beaucoup de paillis autour, les bananiers croîtront rapidement et deviendront grands. Il faut éviter que de mauvaises herbes ne croissent près des jeunes plantes car elles peuvent les empêcher de bien croître. »

Jean poursuivit: « Un nouveau bananier produira un régime de bananes dès le 9ème mois, quoique cela puisse prendre parfois jusqu'à 18 mois. Le bananier portera seulement un régime de bananes, puis il mourra. Entre-temps, le bulbe ou l'arbre fille à côté de lui va le remplacer. Tu verras alors trois à six autres petits bulbes en train de pousser à côté de l'arbre mère et de l'arbre fille. Ce sont des arbres 'petites-filles'. Il faut les arracher tous et n'en laisser qu'un ou deux. Ces bulbes remplaceront l'arbre fille après qu'il a produit un régime de bananes. »

« Dans l'idéal on devrait avoir seulement trois générations de bananiers à un même endroit, expliqua le pasteur Simon – jusqu'à trois bananiers adultes produisant un régime de bananes, 3 arbres filles sains pour remplacer les arbres mères, et deux ou trois arbres petites-filles autour de chaque arbre fille et qui vont remplacer les arbres filles. Si on laisse plus de 3 bulbes pousser au pied de chaque bananier adulte, ils vont absorber toute la nourriture du bananier adulte. Aucun d'entre eux n'aura bonne mine et quelques-uns d'entre eux seulement produiront des bananes. »

« Il faut continuer à mettre du paillis autour du pied des bananiers, poursuivit Jean. Cela les aidera à devenir robustes et à produire de gros régimes de bananes. Lorsqu'un nouveau régime de bananes commence à se développer, il faut planter un bâton long et gros sous lui pour que le sommet du bâton soutienne le régime. Le régime deviendra rapidement très lourd et peut même faire tomber le bananier. Ce bâton soutiendra donc le régime de bananes ainsi que le bananier lui-même. »

Le pasteur Simon renchérit: « Si vous voulez plus de bananes, et vous le voulez probablement, plantez un bulbe 'petite-fille' à l'apparence saine dans un autre trou. C'est ainsi que commencera un autre groupe de bananiers poussant de la même façon. Si vous avez plusieurs groupes de bananiers en croissance, vous aurez des bananes durant presque toute l'année. »

« J'ai mentionné ces très petits vers vivant dans la terre qui peuvent être nuisibles aux bananes mères, dit Jean. A cause de cela, tous les cinq ans, il faut planter un nouveau groupe de bananiers à un endroit différent. Abattez les vieux groupes de bananiers et utilisez cette terre pour cultiver des légumes. »

Le pasteur ajouta : « Si tu veux planter les bananes à cuire appelées plantains, tu les plantes juste de la même façon. »

La plantation de papayers

« Et les papayers? » demanda Moïse

« Les papayers poussent à partir des graines, dit Jean. Choisis une bonne papaye d'un bon papayer de bonne variété. Découpe-la et mets les graines dans une cuvette contenant de l'eau. Frotte-les vigoureusement pour enlever le revêtement extérieur de la gélatine.

Place-les à l'ombre jusqu'à ce qu'elles soient complètement sèches. Tu peux les garder dans une bouteille ou une boîte fermée jusqu'au moment de les faire pousser. Mais fais-les pousser le plus tôt possible.

« Tu peux faire pousser les graines dans des sacs plastiques ou dans un lit de germination. La meilleure façon est de les semer aux endroits où tu veux faire croître les arbres. Si tu les fais pousser dans une pépinière, fais-le deux mois avant le début de la saison des pluies. Mets 3 à 4 graines dans chaque sac. Lorsqu'elles germent, arrache-les toutes sauf une, celle qui paraît le plus en forme. Si tu les fais pousser dans un lit de germination, sème-les à un intervalle d'au moins dix centimètres. Lorsqu'elles atteignent une hauteur de 20 cm, ou la longueur de la moitié de ton avant-bras, elles peuvent être repiquées.

« Lorsque le moment de repiquer les jeunes arbres arrive, choisis un bon endroit où la terre est quelque peu humide ou mouillée. L'endroit devra avoir un bon drainage pour que l'eau ne stagne pas longtemps dans la terre. Car trop d'eau peut facilement tuer les plants. Plante les jeunes arbres à un intervalle d'environ deux mètres. Mets du paillis autour d'eux. S'il ne pleut pas, arrose-les deux ou trois fois par semaine. »

Le pasteur Simon ajouta: «Il faut vraiment veiller à protéger les racines des jeunes papayers. Ils sont fragiles. Arrache chaque jeune papayer soigneusement et amène-le immédiatement au trou où tu veux le planter. Garde la terre ferme autour des racines. C'est pourquoi il vaut généralement de mieux semer directement les graines à l'endroit on veut faire croître les nouvelles plantes. Ainsi, il ne sera plus nécessaire de les repiquer. »

Il poursuivit : « Un papayer est soit mâle ou femelle. On a besoin seulement d'un mâle pour chaque groupe de papayers femelles.»

«Tu veux dire qu'ils pratiquent la polygamie?» demanda Moïse.

« Eh bien, en quelque sorte, répondit le pasteur Simon, et tout le groupe se mit à rire. Mais je ne pense pas que Dieu en fasse un problème. Il les a ainsi créés. Puis il sourit et dit : Souvenez-vous que Dieu nous a créés différemment de ces papayers. »

« Il faut empêcher les jeunes papayers de devenir très grands, dit Jean. Il est difficile de cueillir les papayes des papayers très géants. Pince le centre du sommet de chaque papayer lorsqu'il atteint à peu près ta taille. De cette façon, la plante cessera de croître en hauteur et portera des fruits là où on pourra facilement les atteindre.

Fleurs d'un papayer femelle *Fleurs d'un papayer mâle*

« Un papayer produit des fruits pendant deux à six ans. Donc, après quelques années il faut faire pousser de nouveaux papayers dans un nouvel endroit. Coupe les vieux papayers et utilise cet endroit pour cultiver d'autres cultures. Cela protégera les papayers contre beaucoup de maladies. Lorsque tu constates une maladie qui commence sur les feuilles ou le tronc d'un papayer, coupe-le immédiatement avec ses fruits et brûle-les tous. De cette façon, tu perdras quelques papayes. Mais si tu n'abats pas les arbres malades, la maladie va atteindre tous les autres arbres. Alors tu les perdras tous. »

Moïse dit qu'il était très reconnaissant pour toutes ces informations. Il dit que les champs des gens dans sa communauté étaient petits et qu'ils avaient beaucoup de difficultés à produire assez de vivres.

Découper le sommet d'un jeune papayer pour l'empêcher de trop grandir.

De la nourriture pour toute la famille

« En réalité, dit le pasteur Simon, il est possible pour un agriculteur qui a juste un hectare de terre de cultiver assez de vivres pour lui-même, sa femme et pour tous ses enfants. »

« Comment cela peut-il être possible? » demanda Moïse.

« Le fait de planter de faux mimosas, des acacias, des grévilléas et d'autres arbres le long de la bordure rend la terre près des arbres fertile, fournit du bois de chauffe, et empêche les animaux d'entrer dans les champs. L'agriculteur devrait utiliser les deux tiers de sa terre pour cultiver le maïs, le mil ou le sorgho et peut-être le manioc. Quelques grands acacias au milieu du champ produiront de l'ombre et renforceront la terre. Je te montrerai demain ce que nous faisons ici, et tu pourras voir si cela va bien marcher à Malenga.

« L'autre tiers du champ pourrait être pour la maison, pour un jardin potager, pour des arbres fruitiers, servir de terre à bois procurant du bois de chauffe, et peut-être aussi un espace pour quelques poules ou de petits animaux. En produisant une bonne quantité de céréales, beaucoup de légumes, et en ayant beaucoup de fruits, cela offrira une excellente alimentation pour toute la famille. »

Jean ajouta que son école agricole a beaucoup de petits livres sur comment planter à partir des graines, différentes sortes d'arbres fruitiers, d'arbres pour le bois de chauffe, ainsi que des arbres forestiers. Ces livres sont importants pour montrer comment planter les différentes sortes d'arbres.

Moïse remercia le pasteur et Jean pour toutes ces informations. Il dit qu'il voulait vraiment voir comment cela marchait dans les champs du pasteur et qu'il serait content d'y aller le lendemain matin. Il dit ensuite au Pasteur : « Tu as dit qu'on devrait aussi planter des arbres pour le bois de chauffe. Peux-tu m'en parler ? »

Jean répondit : « C'est bien d'avoir posé cette question. Nous aurons le mois prochain, au centre du district, une réunion des responsables communautaires et des enseignants de l'école agricole pour en parler. C'est un problème très important. Nous avons tous besoin de bois comme combustible, et c'est pourquoi nous coupons les arbres et détruisons les forêts. Nous parlerons de comment avoir assez de bois comme combustible sans détruire la forêt. En fait, chaque agriculteur devrait planter des arbres pour se procurer lui-même assez de bois. Certains agriculteurs peuvent à vrai dire planter des arbres pour les vendre comme bois de chauffe et comme charbon. Donc, s'il vous plaît, venez à cette rencontre. »

Le pasteur sourit. « Jean, cela parait formidable. Pourrions-nous venir, Moïse et moi, et inviter aussi d'autres pasteurs et dirigeants d'églises à cette rencontre? »

« Bien sûr, répondit Jean. L'église peut beaucoup contribuer à nous aider à résoudre ce problème. »

Le pasteur Simon sourit et dit : « Je vois que nous commençons tous à somnoler un peu. Remercions Dieu pour cette merveilleuse discussion que nous venons d'avoir ici. Puis nous pourrons tous aller bien dormir. Nous visiterons demain matin nos champs de Katindi. »

Moïse et Jean acquiescèrent. Le pasteur remercia Dieu pour la bonne discussion. Il lui demanda de continuer à leur montrer comment restaurer la terre ainsi que la forêt et comment produire plus de vivres.

Questions de discussion

1. *Quelles sont les étapes à suivre dans la plantation de nouveaux citronniers et goyaviers à partir des graines ?*
2. *Comment peut-on les planter à partir des boutures ?*
3. *Pourquoi les jeunes plantes de la pépinière doivent-elles être repiquées avec beaucoup de soin?*
4. *Que doit-on faire pour commencer la plantation de nouveaux manguiers et avocatiers ?*
5. *Qu'est-ce qu'il est important de ne pas oublier concernant la plantation de bananiers ? Et concernant la plantation de papayers ?*
6. *Comment un homme qui a seulement une petite*

superficie de terre peut-il produire assez de vivres pour lui-même et pour sa famille ?

7. *Jésus a dit : « Ne vous inquiétez pas de votre vie, de ce que vous mangerez ou boirez ». Matthieu 6 : 25. Cela veut-il dire que nous ne devrions pas travailler dur pour faire pousser des cultures et des arbres?*

CHAPITRE 8

La rotation des cultures pour produire plus de vivres

Le lendemain matin, le pasteur Simon sortit avec Moïse et Jean pour visiter les champs des gens de Katindi. Ils se rendirent d'abord dans les champs du pasteur Simon. Ils causaient entre eux sur le chemin.

L'ancienne méthode de culture des champs

Le pasteur Simon dit : « Dans l'ancien temps, nous changions de champs très souvent. Nous pouvions faire pousser des cultures dans un champ seulement pendant deux récoltes. Puis nous devions laisser la terre se reposer pendant cinq récoltes. Donc tous les deux ans, il nous fallait chercher de nouveaux champs.»

Moise dit : «Je me souviens de mon grand-père qui me disait que les champs devaient se reposer pendant plusieurs années avant d'être réutilisés. Mais, je n'ai jamais compris pourquoi. »

Jean prit la parole: « Je vous ai expliqué hier comment la nourriture pour la croissance des plantes doit entrer dans le sol. Elle provient du compost produit à base de feuilles, de gazon et de mauvaises herbes qui tombent par terre. Elle provient également des minéraux tirés du sous-sol vers le haut par les racines. Dans l'ancienne façon de cultiver, la terre devait se reposer pendant quatre ou cinq ans pour permettre au compost de se développer, et aux racines des arbres et des broussailles de faire remonter les minéraux du sous-sol. Ainsi, le sol devenait à nouveau fertile. »

Moïse dit : « Pasteur, dis-moi ce que vous faites maintenant pour rendre votre terre plus fertile. »

La nouvelle méthode de culture des champs

Le pasteur Simon répondit : « J'ai divisé mes terres en quatre champs. Vous pouvez voir deux d'entre eux ici. Les deux autres sont là sur la colline. Je cultive dans ce champ le mil et le haricot. Certains de mes voisins préfèrent le sorgho, mais nous nous aimons le mil. Dans le deuxième champ, je cultive le maïs, avec des arachides entre les plants de maïs. Dans le troisième champ sur la colline, vous voyez le manioc en croissance. Je l'ai cultivé cette année avec des courges. »

Moïse dit : « Je vois seulement le manioc dans l'autre champ sur la colline. »

Le pasteur Simon dit : « Oui, c'est vrai. Ce quatrième champ se repose cette année. Mais le manioc que j'ai planté l'année dernière y est toujours. Nous pouvons le récolter quand nous en avons besoin.

« L'année prochaine, je vais cultiver le mil et le haricot dans ce quatrième champ. Nous aurons déjà mangé tout le manioc. Je vais cultiver le maïs et des arachides dans le premier champ où le mil et le haricot sont présentement cultivés. Je vais cultiver le manioc et la courge dans le deuxième champ où il y a maintenant le maïs et les arachides. Ce troisième champ de manioc se reposera l'année prochaine. »

Jean dit : « Es-tu sûr d'avoir assez de manioc à manger ? Il croît très lentement. »

Le pasteur Simon répondit : « Oh oui. Pendant que le manioc se développe dans le troisième champ, nous pouvons récolter le manioc dans le quatrième champ qui se repose. L'année prochaine, le manioc que nous plantons cette année sera prêt pour la consommation. Il y a alors assez de manioc dans les deux champs pour deux ans. Pendant que le champ sur la colline se repose l'année prochaine, nous allons toujours récolter le manioc qui s'y trouve. Mais je n'y produirai rien de nouveau car ce champ doit rester en jachère. »

Le pasteur Simon sortit sa Bible et dit : « Dieu lui-même nous dit que la terre doit se reposer. Voici ce qu'il dit :

> *Parle aux enfants d'Israël, et tu leur diras : Quand vous serez entrés dans le pays que je vous donne, la terre se reposera: ce sera un sabbat en l'honneur de l'Eternel. Pendant six années tu ensemenceras ton champ, pendant six années tu tailleras ta vigne; et tu en recueilleras le produit; mais la septième année sera un sabbat en l'honneur de l'Eternel: tu n'ensemenceras point ton champ et tu ne tailleras point ta vigne... ce sera une année de repos pour la terre. Lévitique 25.2 – 5 LSG*

« Vous voyez, Dieu sait que la terre a besoin de temps pour reconstituer sa fertilité. C'est pourquoi il nous a donné ces instructions. »

L'importance de la rotation des cultures

« Nos enseignants appellent cela la culture en rotation », dit Jean.

« Vos enseignants expliquent-ils pourquoi c'est important? » demanda le pasteur Simon.

« Oh oui, dit Jean. Une culture tire certains minéraux du sol. Une autre en tire d'autres minéraux. Si tu plantes chaque année la même culture dans un champ, il va entièrement épuiser certains minéraux. Ainsi, la terre ne sera plus fertile.

« Ils nous enseignent aussi que certaines cultures telles que les arachides, le haricot et le soja rendent le sol plus fertile. Ces cultures prennent l'azote de l'air et le fixent dans le sol. Toutes les plantes ont besoin de l'azote pour croître et produire de la nourriture. Ainsi ces produits aident le sol à devenir plus fertile et à produire plus de nourriture. As-tu essayé de cultiver le soja, Oncle Simon? Il contient beaucoup de protéines. »

« Non, je ne l'ai pas essayé, répondit le pasteur Simon. On cultive le soja dans des villages de l'autre côté du fleuve. Le soja pousse bien dans ce sol là, mais ne pousse pas bien ici. Cependant, les arachides qui ont aussi beaucoup de protéines poussent bien ici. »

Il dit à Moïse : « Trois choses sont importantes ici. La première chose est ceci. Je mélange des cultures dans un même champ. Des céréales telles que le maïs et le mil tirent beaucoup du sol. Par contre, des légumineuses telles que le haricot et les arachides ramènent l'azote dans le sol. Il est bon de cultiver des céréales et des légumineuses ensemble.

« Deuxièmement, j'alterne les cultures dans chaque champ chaque année. Ce qu'une culture prend au sol cette année sera restauré l'année prochaine lorsque cette culture n'y sera plus. De cette façon, le sol peut garder sa fertilité.

« Enfin, en faisant ainsi, je peux utiliser ces champs chaque année. Il n'est plus nécessaire de les laisser se reposer pendant très longtemps. Une année de repos pour chaque période de quatre ans est suffisante. C'est pourquoi je peux planter des arbres aux abords de mes champs, car j'ai les mêmes champs chaque année. »

Comment les arbres aux abords aident-ils à produire plus de vivres

Le pasteur Simon indiqua du doigt les rangées d'arbres tout autour des limites de ses quatre champs. « Moïse, vois-tu les arbres qui sont aux abords de chaque champ ? »

« Oui, je les vois, dit Moïse et il sourit. Je comprends maintenant comment ils aident les champs à produire plus de vivres. »

« J'ai planté ces arbres tout autour des limites de chaque champ, dit le Pasteur. Mes voisins ont fait de même autour de leurs champs. Certains arbres sont des acacias ; d'autres sont des faux mimosas. Tu peux constater que les cultures ont bonne mine quand elles sont proches de ces arbres aux abords des champs. Elles utilisent l'azote que les racines de ces arbres fixent dans le sol. »

Jean ajouta: « D'autres sortes d'arbres fixent également l'azote dans le sol. Nous trouvons que l'acacia et le faux mimosa sont mieux pour faire cela ici. »

« Ces rangées d'arbres empêchent-elles le vent d'emporter la terre ? » demanda Moïse.

Le pasteur Simon répondit : « Ah oui. Lorsqu'ils atteignent dix pieds (trois mètres) de hauteur, le vent emporte très peu de terre. Les tempêtes de poussière ne se produisent pas ici. Nous appelons ces rangées d'arbres, un brise-vent. »

Utiliser les branches d'arbres pour le bois de chauffe

Moïse posa une autre question : « Obtenez-vous du bois de chauffe à partir de ces arbres ? »

Le pasteur Simon répondit : « Ah oui. Lorsqu'ils meurent, nous les utilisons comme bois de chauffe. Quelque fois, je coupe un faux mimosa en laissant le tronc à trois pieds du sol. J'utilise la partie supérieure de l'arbre comme bois de chauffe. Ensuite, le tronc produira de nouveaux rejetons et l'arbre continuera à croître.

« Nous coupons aussi une ou deux branches de nos grands arbres chaque année. Nous le faisons même pour les manguiers comme celui-là que tu vois arrêté là-bas. Je découpe ces branches en petits morceaux. Je les entasse pour les sécher dans un abri derrière ma maison. Lorsqu'elles sèchent, nous les utilisons comme bois de chauffe. »

Moise demanda: « Tu veux dire que ce n'est pas nécessaire d'attendre que l'arbre meurt avant de l'utiliser comme bois de chauffe? »

« C'est ça. Tu peux couper une ou deux branches d'un arbre tel que l'acacia ou le manguier chaque année. Une ou plusieurs nouvelles branches pousseront sur le tronc de l'arbre. L'arbre reste toujours en vie. Ainsi, cet arbre vivant peut vous procurer du bois de chauffe pendant plusieurs années. En coupant une ou deux branches de chaque arbre chaque année, vous pouvez avoir du bois de chauffe durant toute l'année sans couper les arbres entièrement. »

Moïse dit encore : « Je commence maintenant à comprendre. Tu

La coupe de faux mimosas. Des branches pousseront vite sur les troncs

as dit que dans l'ancien temps vous deviez changer de champs tous les deux ans et ensuite les laisser se reposer pendant cinq ans. Mais maintenant, ce n'est plus nécessaire de le faire. Tu peux continuer à utiliser ces champs année après année. »

« Exactement, dit le pasteur Simon. Les arbres protègent la terre. Les faux mimosas et les acacias apportent de l'azote au sol. Les arachides et le haricot lui apportent aussi de l'azote. Je les cultive dans des champs différents chaque année. Les plantes mortes, les mauvaises herbes et les branches des faux mimosas procurent du compost au sol et protègent le sol du soleil et des fortes pluies. Ainsi, le sol reste fort et ne devient pas stérile. C'est pourquoi je peux continuer à utiliser ces quatre champs chaque année. Allons voir ces deux champs sur la colline. Je veux te faire voir la *culture en couloirs*. »

Les hommes se rendirent à la colline dans un des champs en pente du pasteur Simon. Le pasteur indiqua de longues rangées de faux mimosa qui se dressaient en rangs serrés à travers le champ. Les rangées avaient un intervalle de 15 pieds (5 mètres). Le manioc et les courges se trouvaient entre elles.

« Moïse, c'est ce que nous appelons *la culture en couloirs*. J'ai planté ces arbustes de faux mimosa en rangées avec une allée pour les cultures entre les rangées. Les racines de ces arbres ramènent l'azote dans le sol, ce qui aide les plantes à bien pousser. Je coupe les arbustes de faux mimosa régulièrement pour maintenir leur taille à environ trois pieds (un mètre). Egalement, je coupe fréquemment les branches pour les mettre par terre entre le manioc et les courges comme paillis. Avec ce paillis, et l'azote que les racines des arbustes de faux mimosa fixent dans le sol, mes cultures poussent très bien. »

Planter des arbres pour gagner de l'argent

Les hommes marchèrent dans les champs des voisins du pasteur Simon. Ils arrivèrent à une petite colline où ils virent différentes sortes d'arbres qui poussaient ensemble rapprochés les uns des autres. Il n'y avait aucune culture entre les arbres.

Le pasteur Simon expliqua: « Voici le champ d'Arthur. Il a d'autres champs pour les cultures. Mais ici, il a planté ces arbres pour un autre but. »

Il indiqua du doigt plusieurs grands arbres. « Il va couper ces arbres pour le bois de construction. Il va gagner beaucoup d'argent des planches provenant de ces arbres. »

Il leur montra d'autres arbres. « Il vend les branches de ces arbres à un homme d'un autre village qui en fait du charbon. Les arbres continuent à grandir et à produire plus de branches. Arthur gagne aussi de l'argent à partir de ces arbres. Il coupe régulièrement ces faux mimosas pour les vendre comme bois de chauffe. »

La culture en couloirs: des rangées de courts arbustes de faux mimosa, avec des cultures au milieu.

Moïse montra quelques petites plantes d'asclépiade que l'on voyait çà et là. Il demanda : « Pourquoi a-t-il planté ces arbres? Ils ne servent à rien. »

Le pasteur Simon répondit : « Si, ils servent à quelque chose. Les gens achètent et payent pour beaucoup d'argent les branches et les troncs de ces arbres. Le bois est très solide. Les termites ne peuvent pas le ronger. Les branches et les troncs font un excellent matériel de construction d'une toiture, d'un grenier ou même la dalle d'une latrine. »

Lorsqu'ils retournèrent à la maison du pasteur Simon, ils s'assirent et causèrent. Moïse dit : « Je ne savais pas que les arbres pouvaient nous aider dans beaucoup de différentes façons. Je suis heureux de voir tout ceci. »

Jean dit : « J'ai beaucoup appris moi-même. Je peux maintenant voir que la méthode européenne de couper tous les arbres n'est pas bonne pour nous ici. Cela nuit au sol. Cette méthode détruit aussi les arbres qui sont utiles comme bois de chauffe, comme matériel de construction, comme compost et pour aider à arrêter les vents violents. La méthode européenne consistant à labourer la terre n'est pas non plus bonne. La méthode consistant à ne pas labourer la terre semble être beaucoup meilleure. »

« Oui, dit le pasteur Simon. Les arbres protègent le sol contre le soleil et les fortes pluies. Ils aident à retenir l'eau de pluie dans le sol. Le sol ne sèche pas rapidement et cela aide les cultures à mieux croître. Garder la terre toujours couverte et ne jamais la labourer est également d'une grande aide. »

A qui appartient la terre ?

Moïse réfléchit un moment et dit ensuite: « Je vois un autre problème. Je suis le chef dans ma communauté. Chaque année, je montre à chaque famille quelle terre elle peut utiliser pour leurs champs. Personne n'utilise le même champ chaque année. Mais ici, vous avez les mêmes champs chaque année. C'est comme s'ils vous appartenaient. Comment est-ce possible?»

« Moïse, c'est une grande question. Elle concerne notre compréhension de la terre. A Malenga, vous suivez la compréhension traditionnelle de la terre. La communauté possède la terre et toi en tant que chef, tu décides quels champs les gens peuvent utiliser.

« Ici à Katindi, cependant, nous voyons que la vie a changé de beaucoup de façons. Nous avons discuté de cela. Les anciennes façons ne nous aident plus à produire assez de vivres pour nos grandes familles. Si nous voulons produire plus de vivres, nous devons changer la façon dont nous utilisons la terre. Nous avons discuté de cela pendant longtemps. Nous croyions qu'une famille qui a la même terre chaque année va travailler dur pour l'améliorer. Ils vont essayer de rendre le sol fertile pour produire plus de vivres. Donc maintenant, les familles qui travaillent dur pour améliorer leur terre, nous leur permettons de la conserver aussi longtemps qu'ils continuent de la sorte. »

« Peut-être que votre façon de faire est la bonne, répondit Moïse. Nous devons y songer. Le changement est difficile, mais nous devons faire quelque chose parce que nous n'avons pas assez de vivres. Je peux constater que vous avez fait beaucoup de choses pour rendre vos champs plus productifs. Ce sont des choses que nous devons faire à Malenga. Mais, j'ai une autre question. Je vois que vous ne labourez pas la terre. Et je me souviens que tu m'en avais parlé auparavant. J'aimerais maintenant en savoir davantage sur les raisons pour lesquelles vous ne labourez plus la terre. »

Le pasteur Simon sourit : « Moïse, tu as observé quelque chose de vrai. Nous ne labourons plus nos champs. C'est un sujet très important. Il est temps de prendre du thé. Pendant que nous buvons du thé, je t'expliquerai pourquoi nous ne labourons plus nos champs. »

Questions d'étude

1. *Pourquoi était-il important qu'un champ soit mis en jachère?*
2. *Pourquoi le pasteur Simon ne laisse-t-il pas ses champs se reposer pendant cinq ans ?*
3. *Pourquoi Dieu avait-il dit que la terre doit avoir un repos sabbatique ?*
4. *Pourquoi ses champs peuvent-ils produire de bonnes récoltes chaque année ?*
5. *Que font le haricot, les arachides et le soja pour rendre la terre plus fertile ?*
6. *Comment la culture en couloirs aide-t-elle les plantes à mieux pousser ?*
7. *Expliquez comment les arbres peuvent aider les champs à produire plus de vivres.*

CHAPITRE 9

Le paillage et le non-labour

Plus besoin de labourer la terre

Pendant qu'ils buvaient leur thé, le pasteur Simon parla à Moïse. « Moïse, lorsque tu étais ici, nous avions parlée de pourquoi nous ne labourons pas la terre. Pendant de nombreuses années nous pensions que le labour était une bonne chose. Cela retourne le sol pour le rendre meuble. Cela aide les semences à pousser facilement. Il permettait aussi à l'eau de pluie de pénétrer dans le sol.

« Puis nous nous sommes rendu compte de ce que le labour fait réellement. Il retourne la terre et expose la terre profonde au soleil ardent. Le chaud soleil brûle rapidement tout le compost dans le sol. Il détruit aussi les bons vers, insectes et autres créatures minuscules qui gardent le sol meuble. Le sol devient rapidement dur. Il ne peut plus bien absorber l'eau de la pluie. Tout ceci diminue la fertilité du sol. Ainsi, nous avions conclu qu'il n'était peut-être pas bon de labourer la terre. Mais nous n'étions pas sûrs.

« Une nouvelle idée m'est alors venu à l'esprit. Je me suis rappelé que Dieu a été le premier agriculteur. Il a longtemps entretenu les champs et les forêts avant de créer l'homme. Dieu ne labourait pas la terre. La terre était toujours couverte de plantes et d'arbres. Dieu ne retournait jamais la terre. Peut-être que nous devrions cesser de labourer le sol et faire comme Dieu le faisait. Ainsi nous avons arrêté de labourer et avons commencé ce que nous appelons 'Pratiquer l'agriculture à la manière de Dieu' ».

Moïse dit : « C'est intéressant. Dis-moi comment vous le faites. »

Le pasteur Simon commença à le lui expliquer. « Dieu nous a montré que nous devons soigneusement suivre certains principes. Le premier, comme nous l'avons déjà dit, est de:

1. *Garder la terre toujours couverte*

« Le soleil ardent brûle le sol rapidement. Les fortes pluies enlèvent beaucoup de terre lorsqu'il n'est pas couvert. Elles emportent l'azote et d'autres minéraux dont les plantes ont besoin. C'est pourquoi nous devons toujours garder le sol couvert. Cela comprend tant la saison sèche que la saison des pluies. C'est ce que Dieu a fait. Il a gardé la terre couverte avec ce que j'appelle 'la couverture de Dieu'. Elle est faite d'herbes, de broussailles et d'autres plantes. Elle est également faite de feuilles et de branches qui tombent par terre. Nous avons décidé de faire la même chose.

« Lorsque nous récoltons notre mil, notre maïs et notre haricot, nous n'arrachons pas les racines des plantes. Nous coupons les plantes jusqu'à un niveau proche de la terre en laissant les racines dans le sol. Nous laissons les feuilles ou les tiges des plantes étalées par terre pour couvrir le sol. Elles deviennent du paillis qui protège le sol. Nous ne brûlons pas les champs parce que cela détruirait ce bon paillis. »

« Les racines ne dérangent-elles pas pendant la saison agricole suivante? » demanda Moïse.

« Au contraire, répondit le Pasteur. Ces racines sont mortes et constituent du bon compost. C'est là où il faut faire pousser de nouvelles semences car le sol y est meuble. Les racines mortes aident l'eau de pluie à s'infiltrer dans le sol. Elles aident à maintenir le sol compact. Cela empêche l'érosion. Ainsi, le fait de laisser les vieilles racines aide beaucoup le sol. »

2. Mettre beaucoup de paillis sur le sol

« Je t'ai dit auparavant que nous gardons le sol couvert de paillis. Le paillis joue cinq rôles:

1. Il couvre le sol et le protège contre le soleil ardent et les fortes pluies.
2. Il se décompose et procure du compost et des minéraux au sol. Tu vois, les plantes absorbent du compost et des minéraux du sol pour croître. Le paillis ramène ces choses dans le sol.
3. Il garde le sol frais et les petites plantes poussent mieux.
4. Il conserve l'eau de pluie dans le sol pour le garder humide.
5. Il empêche beaucoup de mauvaises herbes de pousser.

Jean reprit la parole: « Jésus a-t-il raconté une histoire sur le paillis ? »

« Oui, il en a parlé, répondit le Pasteur. Il a parlé d'un agriculteur qui avait planté un nouvel arbre fruitier. Mais après trois ans, l'arbre n'avait pas produit de fruits. Il a dit à son jardinier de le couper. Le jardinier n'était pas d'accord et a dit qu'il allait mettre beaucoup de paillis autour de l'arbre pendant un an pour l'aider à produire des fruits. Si l'arbre ne produisait toujours pas de fruits, il allait alors l'abattre. Vous voyez, Jésus avait compris l'importance du paillis. » (Voir Luc 13 : 6-9)

« Comment faites-vous tout ce paillis ? » demanda Moïse.

« Nous laissons les tiges de mil et de maïs et les plantes d'arachide et de haricot sur le sol comme paillis. Lorsque nous coupons ou arrachons les mauvaises herbes, nous laissons ces herbes mortes par terre comme paillis. Nous ajoutons les branches de faux mimosa pour avoir plus de paillis. Nous coupons de l'herbe d'autres champs pour la mettre au-dessus des autres choses. Nous essayons d'appliquer une couche épaisse de paillis. Plus il y a de paillis, et plus c'est bon. »

« Comment semez-vous à travers tout ce paillis ? » demanda Moïse.

3. Semer là où il y a encore des racines mortes dans le sol

« Comme tu peux le constater, répondit le pasteur Simon, je cultive mon mil, mon maïs, mon haricot et mes arachides dans des rangées droites. Cela rend facile de trouver des racines des cultures de la dernière saison. Je tire de côté le paillis pour trouver les anciennes racines. Je creuse un petit trou avec la houe juste à l'endroit où se trouvent les vieilles racines. Je mets les semences dans ces petits trous et je les recouvre. Puis je ramène le paillis là où j'ai juste semé les semences. De cette façon, le sol est toujours couvert. Il n'est jamais exposé au soleil. »

« Ce paillis n'empêche-il pas les semences de germer ? » demanda Moïse.

« Le paillis aide en réalité les semences à germer. Comme je l'ai dit auparavant, il garde le sol un peu frais en empêchant le soleil ardent de brûler les nouvelles jeunes plantes. Le paillis aide l'eau de pluie à mieux s'infiltrer là où les semences commencent à germer. L'eau ne s'évapore pas immédiatement parce que le paillis couvre le sol. Les nouvelles jeunes plantes peuvent facilement pousser à travers le paillis. Le paillis empêche aussi la croissance rapide des mauvaises herbes autour des nouvelles plantes. »

4. Le désherbage régulier

« Comment te débarrasses-tu des mauvaises herbes ? » demanda Moïse.

« C'est un autre principe que Dieu nous a montré», répondit le Pasteur. « Nous devons maîtriser les mauvaises herbes. Sinon, elles peuvent étouffer les jeunes plantes.»

« Achètes-tu des produits chimiques que tu mets sur les mauvaises herbes pour les tuer ? »

« Non, répondit Simon. Les herbicides coûtent de l'argent. Ils mettent aussi du poison dans le sol qui peut être nuisible. Ce poison peut aussi détruire les cultures dont nous avons besoin. Il est préférable d'arracher les mauvaises herbes. »

« Comment fais-tu cela? », demanda Moïse.

« Cela demande beaucoup de travail, mais l'agriculture c'est du

Simon désherbant avec une houe. Virginie arrachant les mauvaises herbes à la main.

travail. L'agriculture est un bon travail parce qu'elle nous procure de la nourriture. Toutes les deux semaines je fais le tour de chaque champ et soit j'arrache les mauvaises herbes, soit je les coupe avec ma houe. Je mets les herbes mortes sur le paillis pour en faire davantage de paillis. Je fais cela régulièrement, toutes les deux semaines jusqu'à ce que les plantes soient denses, empêchant la lumière du soleil d'atteindre le sol. Cela empêche de nouvelles herbes de pousser. Egalement, en désherbant fréquemment, les mauvaises herbes ne seront pas en mesure de produire des graines. Bientôt, il y en aura moins.

« Tu vois, Moïse, nous devons être fidèles dans notre travail exactement comme Dieu l'est. En désherbant fidèlement, j'ai découvert quelque chose d'intéressant. Chaque année j'ai moins de mauvaises herbes par rapport à l'année précédente. Cela est dû au fait que peu de mauvaises herbes seulement portent des graines. Ainsi, seules quelques nouvelles mauvaises herbes peuvent se développer. Un travail fidèle produit de bons résultats.»

« Fais-tu ce désherbage jusqu'au moment de la récolte ? »

« Oui, et même au-delà de la période de la récolte, répondit le pasteur. En fait, le désherbage après la récolte, à la fin des pluies, est très important. Cela empêche les mauvaises herbes de se répandre et d'envahir le champ dans l'intervalle entre les saisons de culture. Les mauvaises herbes ont besoin de nourriture et de minéraux pour grandir. Si tu les laisses croître, elles vont absorber la nourriture, l'eau et les minéraux dont tes cultures ont besoin. Il est donc important de garder tes mauvaises herbes sous contrôle durant toute l'année. Cela permettra de sauvegarder tous tes éléments nutritifs et ton eau afin d'avoir les meilleures récoltes. »

« C'est incroyable! dit Moïse. Dieu vous a aidé à apprendre

beaucoup de choses. Je n'avais jamais entendu de telles idées, mais elles sont logiques. Nous devrions peut-être cesser de labourer le sol et faire comme vous. »

« Cela vous aiderait beaucoup, dit le Pasteur. Je vais te parler d'autres façons dont cela vous aidera. »

5. *Moins de travail pour préparer les champs*

« Avant de commencer à pratiquer cette sorte d'agriculture avec le paillis, je faisais beaucoup de travail pénible. Je devais à chaque saison agricole labourer tous mes champs. J'avais permis à toutes les mauvaises herbes de pousser dans le champ depuis la dernière récolte. Certaines de ces mauvaises herbes avaient de profondes racines. Elles étaient très difficiles à arracher. J'avais souvent très mal au dos. Maintenant, je ne creuse qu'un peu et c'est juste creuser des trous et semer les graines. Mon dos va beaucoup mieux. Il est facile d'enlever les petites herbes nuisibles avec la houe ou la machette lorsqu'elles sont encore jeunes. J'évite beaucoup de durs travaux avec ce type d'agriculture. »

6. *Semer aussitôt que les pluies commencent*

« Lorsque nous utilisions l'ancienne façon de faire l'agriculture, je me souviens que nous devions attendre les premières pluies. Labourer la terre solide était très difficile pendant la saison sèche. La pluie aidait à adoucir la terre et ainsi nous pouvions commencer à bêcher. Nous prenions quelques fois une semaine ou plus pour préparer nos champs après que la pluie a commencé. Nous utilisons maintenant la nouvelle façon de faire l'agriculture avec le paillis et nous ne labourons plus ni ne bêchons. Les champs sont prêts à être ensemencés sans labour. Je peux creuser les petits trous pour la semence à l'avance. Aussitôt que les premières pluies tombent, j'ensemence mes champs. Ma moisson est meilleure parce que mes cultures peuvent bénéficier de toutes les pluies qui tombent depuis le début. Je trouve cela bénéfique car nos saisons de pluie sont devenues souvent courtes par rapport aux années passées. »

« Oncle Simon, tu continues à couper les branches des faux mimosas qui se trouvent autour de tes champs. Pourquoi fais-tu cela?» demanda Jean.

7. *Utiliser des branches d'arbres comme paillis*

Le pasteur Simon dit : « Les feuilles du faux mimosa constituent un bon compost. Je coupe les branches tous les deux ou trois mois. Je les étale par terre, entre les tiges des cultures de mil et de maïs, ou les plantes d'arachides et de manioc. »

« Comment cela aide-t-il ? » demanda Moïse.

"Branch ki frè yo, pwoteje tè a kont gwo solèy cho ak kont gwo lapli. Lapli a filtrè desann pi byen nan tè a. Fèy ki kouvri tè a, anpeche l sèche rapid. Lè fèy yo mouri, yo tonbe nan tè a, yo tounen konpòs. Yo tounen manje pou plant yo ka grandi pi byen. Branch yo rann tè a fètil. Lè pa gen fèy ankò, mwen koupe nouvo branch mete sou branch ki te deja la."

« Les branches fraîches protègent le sol du soleil ardent ainsi que de la forte pluie. L'eau de pluie est mieux absorbée par le sol. Les feuilles couvrent le sol et le protègent contre une rapide sécheresse. Lorsque les feuilles meurent, elles se décomposent et entrent dans la terre pour devenir du compost. Cela constitue de la nourriture pour une meilleure croissance des plantes. Ainsi les branches aident à rendre le sol fertile. Lorsque les feuilles ont toutes disparues, je coupe d'autres branches pour les mettre au-dessus des premières branches.»

Moïse dit : « Je vois parmi tes arbres aux abords des champs de

Simon étalant des branches de faux mimosa entre les cultures pour en faire du paillis.

petites plantes d'acacia en croissance entre les grands arbres. Les as-tu plantés?»

Le pasteur Simon répondit : « Non. Ils ont poussé des graines qui sont tombées des grands arbres. Les acacias vivent seulement dix à quinze ans, puis ils meurent. Il est important d'avoir de grands arbres autour des champs pour arrêter le vent. Les petits arbres pousseront à la place des arbres qui meurent. De cette façon, nous aurons toujours un bon brise-vent. »

Moïse s'assit de nouveau dans sa chaise et réfléchit un moment. Finalement il dit: « Vous m'avez donné beaucoup de bonnes idées à méditer. Je dois voir comment nous pouvons les utiliser à Malenga pour produire plus de vivres dans les années à venir. Mais, mon vrai problème est que nous n'avons pas assez de vivres aujourd'hui. Planter des arbres pour améliorer le sol ne nous aidera que dans quelques années, parce que les arbres prennent du temps pour croître. Mais, ma population a maintenant faim et notre sol est faible. Que pouvons-nous faire maintenant ? Devrions-nous essayer d'acheter de l'engrais ? »

Restaurer une terre infertile

Le pasteur Simon répondit : « Non, je ne crois pas. Les engrais coûtent de l'argent. Quand tu mets les engrais sur le sol, après quelques pluies, tout est parti. La pluie les emporte dans la profondeur de la terre. Les racines des plantes ne sont plus en mesure de les atteindre. Donc ce n'est pas très utile. »

« Que pouvons-nous alors faire ? »

Le pasteur Simon dit : « Il y a des années de cela nos champs étaient pareils. Nous n'avions aucun arbre. Le sol était sec et sablonneux. Il était infertile et nous pouvions y produire peu de vivres. Puis nous avions appris à faire les trous zaï et comment ces trous aident à produire plus de vivres. Les trous zaï nous ont beaucoup aidés pendant que nous effectuions ces autres changements. Sais-tu ce que c'est que les trous zaï?»

« Non, répondit Moïse. Parlez-moi en. »

Le pasteur Simon demanda à Jean : « Est-ce qu'on vous enseigne sur les trous zaï dans votre école agricole ? »

« Non, répondit Jean. Je n'ai jamais entendu parler de cela. »

Le pasteur Simon dit : « Moïse, viens me trouver demain matin ici. Nous irons au village de Kimweni où on utilise maintenant des trous zaï. Tu verras comment ils aident la population à produire plus de vivres. »

Questions d'étude

1. *Que fait le labour profond à la terre ?*
2. *De quelle façon la couverture de paillis aide-t-elle le sol ?*
3. *Comment peut-on faire du bon paillis ?*
4. *Dans la méthode agricole de 'non-labour', quels sont les principes à suivre ?*
5. *Quels sont les avantages à ne pas labourer la terre avant de semer?*
6. *Que voulait dire le pasteur Simon lorsqu'il dit que cette sorte d'agriculture pouvait être appelée 'Pratiquer l'agriculture à la manière de Dieu' ?*

CHAPITRE 10

Rendre le sol fertile

Le matin suivant, le pasteur Simon, Jean et Moïse se rendirent à Kimweni à pieds. Robert, le directeur d'école et deux enseignants de l'école les accompagnaient. Au cours du trajet, le pasteur Simon demanda à Jean de rappeler à Moïse que les plantes ont besoin de nourriture exactement comme nous en avons besoin.

« La meilleure nourriture pour aider les cultures à croître vient des plantes pourries, dit Jean. Des feuilles, des graminées et de mauvaises herbes mortes, les tiges de maïs, de mil, ou de sorgho, et les plantes ou les tiges mortes d'arachides et de haricot peuvent servir de nourriture aux nouvelles plantes pour croître. Nous appelons ces plantes pourries 'compost'. Lorsqu'il y a peu ou pas de compost dans le sol, les cultures ne poussent pas bien. La terre est infertile. Lorsqu'il y a beaucoup de compost dans le sol, la terre est fertile et les cultures peuvent bien croître. Nous appelons 'paillis' les plantes pourries éparpillées au-dessus du sol. Tu as vu du paillis dans les champs du pasteur Simon. »

Le pasteur Simon expliqua alors le but des trous zaï. Le but est de fournir du compost au sol pour la croissance des plantes. De cette façon, les cultures croissent mieux et produisent plus de nourriture.

Lorsqu'ils arrivèrent à Kimweni, ils allèrent à la maison de Thomas, le chef. Le pasteur Simon présenta Moïse, Jean et les autres à Thomas. Il lui expliqua qu'il voulait montrer à ses amis les trous zaï qui sont dans leurs champs et leur expliquer comment ils aident la population à produire plus de nourriture.

Thomas, le chef, était très heureux et dit : « Nous étions très découragés parce que notre sol était devenue infertile. Il était sablonneux et sec, et nous avions très peu de vivres. Le pasteur Simon est venu et nous a montré comment les trous zaï pouvaient nous aider à produire plus de vivres. Il nous a montré comment le faire. Certains d'entre nous ont creusé des trous zaï l'année dernière et y ont semé le mil et le maïs. Les tiges étaient robustes et ont produit beaucoup de graines. Presque toute notre population a creusé des trous zaï cette année. Allons dans mon champ et je vais vous les montrer. »

Creuser des trous zaï

Tandis qu'ils marchaient vers les champs, le pasteur Simon expliqua à Moïse comment faire des trous zaï. « A la fin de la récolte, l'agriculteur commence à creuser des trous zaï pour la prochaine saison agricole. Il creuse un trou dans le sol et mets la terre du trou à côté. Le trou doit avoir une profondeur de 16 pouces (40 cm) soit la distance entre le coude et les bouts des doigts. Le diamètre du trou (la distance à travers le trou) est aussi la même entre le coude et les bouts des doigts.

« L'agriculteur aligne les trous avec un intervalle de 3 pieds (1 mètre) au travers, en haut et en bas du champ. Dans un champ de 2,5 acres (un hectare), qui a 300 pieds (100 mètres) de longueur et 300 pieds de largeur, il y aura cent lignes de cent trous. Ce qui fait un total de dix milles trous zaï par hectare. »

« Hein! C'est beaucoup de travail!» s'exclama Moïse.

« Oui, c'est beaucoup de travail et il faut des semaines pour le terminer. » répondit le pasteur. Ecoute ce que Dieu en dit :

> *L'âme du paresseux a des désirs qu'il ne peut satisfaire ;*
>
> *Mais l'âme des hommes diligents sera rassasiée.*
> *Proverbes 13.4*

« Pendant la saison sèche, les gens ont peu de travail à faire.

Ainsi, ils ont du temps pour creuser les trous zaï pendant la saison sèche. Ils sont alors prêts pour la prochaine saison agricole. C'est ce que nous avons fait à Katindi pendant plusieurs années. Nous avons travaillé dur, n'est-ce pas Robert ? »

« Oui, assurément,» répondit Robert.

« A la fin de la récolte, le sol est encore assez doux et les trous sont faciles à creuser. Après quelques semaines de la saison sèche, le sol devient dur. Les trous deviennent alors difficiles à creuser. C'est ainsi que nous avions commencé à creuser les trous juste à la fin de la récolte. »

« Quelle est l'étape suivante?» demanda Jean.

« Lorsque le trou est prêt, nous y mettons de l'herbe, des feuilles ou des tiges de mil, de maïs, d'arachides ou de haricot, ou des mauvaises herbes qui sont mortes. Nous mettions 3 ou 4 poignées de plantes ou d'herbes mortes dans chaque trou. Nous y mettions même des ordures ménagères telles que les peaux des bananes, des papayes ou d'autres fruits. Nous remettions ensuite la terre dans le trou pour couvrir ce que nous y avions mis.

« Cette herbe, ces plantes mortes et ces ordures se décomposeront lentement pendant la saison sèche. Cela deviendra du compost disponible pour les nouvelles plantes. Lorsque la saison de production arrive, l'agriculteur peut semer le mil, le sorgho, le maïs, le haricot, l'arachide, le manioc ou la courge dans le trou. »

Thomas ajouta: « Dans les champs où il n'y a pas d'arbres, comme les nôtres ici à Kimweni, le vent va mettre de la terre ou de la poussière dans les trous zaï. Cette terre ou la poussière peuvent couvrir complètement les trous. Il sera difficile voire impossible de repérer les trous lorsque la saison agricole arrive. C'est pourquoi je laisse toujours une petite branche ou une courte tige de mil ou de maïs fixée au milieu du trou zaï. De cette façon, je pourrais toujours retrouver chaque trou, même si le vent le remplissait de terre ou de poussière. »

Creusage de trous zaï et leur remplissage avec du compost et des ordures. Marquage de leur emplacement par une petite branche pour y semer plus tard.

Les avantages des trous zaï

La période de récolte s'approchait. Les tiges de mil et de maïs étaient assez grandes. Le grain était presque prêt pour la moisson. Thomas leur montra les épis de mil et de maïs dans ses champs. Il avait planté toutes ses cultures dans des trous zaï.

Il dit : « Regardez ces épis de maïs. Voyez comment ils sont gros. » Chaque épi était gros et portait beaucoup de grains. Ils observèrent le mil. Les épis étaient aussi très gros. Thomas mit la main autour d'un épi de mil. C'est à peine s'il pouvait mettre la main autour de l'épi car il y avait beaucoup de grains dessus.

Il expliqua: « Le compost dans les trous zaï aide les plantes à mieux grandir. Les trous zaï retiennent les eaux de pluie et empêchent les fortes pluies d'emporter beaucoup de terre. »

Ils allèrent dans le champ d'un autre homme. Celui-ci n'avait pas creusé des trous zaï dans son champ. Ils observèrent le maïs et le mil dans ce champ. Les épis de maïs étaient petits. Ils ne portaient pas beaucoup de grains. Les tiges de mil étaient courtes. Les épis de mil avaient presque la dimension du pouce de Thomas. Ils étaient petits, pas comme ceux des trous zaï.

« Vous voyez, dit Thomas. Les trous zaï nous aident beaucoup. L'année dernière, j'ai eu assez de mil pour tenir toute l'année. Notre famille aura encore plus de mil, de maïs et d'arachides cette année. Les trous nous aident beaucoup. »

« Mais ça demande beaucoup de travail et du temps pour creuser tous ces trous, n'est-ce pas ? » demanda Moïse.

« Bien sûr, répondit Thomas. Si nous voulons avoir beaucoup de vivres pour notre consommation, nous devons travailler dur. La Bible dit que c'est à la sueur de notre front que nous mangerons, n'est-ce pas, Pasteur ? »

« C'est vrai, répondit le pasteur Simon. Nous devons travailler dur, et travailler de la manière que Dieu veut que nous travaillions. Lorsque nous suivons les méthodes correctes d'utilisation et d'entretien du sol, nous pouvons avoir beaucoup de vivres. Nous n'aurons pas faim. »

Moïse demanda au pasteur Simon: « Vous n'utilisez plus les trous zaï. Pourquoi?»

Plus besoin de trous zaï à Katindi

Le pasteur Simon répondit : « Nous avons utilisé les trous zaï à Katindi durant quatre ans pendant que les arbres grandissaient autour de nos champs. Après trois ou quatre ans, les arbres fixaient l'azote dans le sol. Les branches du faux mimosa ont commencé à constituer du bon paillis durant toute la saison agricole. Nous avons constaté que ce n'était plus nécessaire d'utiliser les trous zaï. Nos champs produisent désormais beaucoup de vivres. »

Jean prit la parole: « Je crois que je vois ce qui se passe. Dans l'ancien temps, vos champs et vos jardins ne produisaient pas beaucoup de vivres. Vous avez vu que le sol n'était pas fertile. Vous avez découvert le compost et avez décidé que les trous zaï étaient la bonne façon d'apporter du compost à vos plantes. Ainsi, les trous zaï étaient un moyen temporaire pour améliorer le sol. Et par la suite, vous avez réalisé que les arbres aux abords des champs et le paillis seraient beaucoup mieux. A mesure que les arbres aux abords des champs grandissaient et que vous utilisiez du paillis pour garder le sol couvert tout le temps, vous n'aviez plus besoin des trous zaï. Est-ce exact?»

« Exactement, répondit le pasteur Simon. Les trous zaï sont bons à utiliser dans l'intervalle entre l'ancienne manière de pratiquer l'agriculture et les nouvelles méthodes agricoles que nous utilisons maintenant à Katindi. Ils sont bons à utiliser en attendant la croissance des faux mimosas, des acacias et des grévilléas aux abords et dans les champs. C'est ce que Thomas est en train de faire ici. »

Moïse demanda: « Pense-tu que nous pourrions utiliser des trous zaï dans nos champs ? »

« Bien sûr, répondit le pasteur Simon. Tu dois expliquer aux gens comment les creuser, en commençant juste après la récolte. Montre-leur comment mettre des herbes, des plantes et des feuilles mortes, ainsi que des ordures dans chaque trou. Cela demande beaucoup de travail, mais ce travail les aidera à produire beaucoup de vivres. Tu peux amener tes gens ici à Kimweni pour voir comment les gens les creusent ici. Thomas sera content de montrer à tes gens comment le faire. N'est-ce pas, Thomas ? »

« Certainement, répondit Thomas. Nous sommes toujours contents de montrer aux gens des autres villages les bonnes choses que nous avons apprises. C'est ce que tu nous as enseignés à faire, Pasteur Simon. »

Le pasteur Simon ajouta : « Tu dois aussi dire à tes gens, Moïse, pourquoi il est important de laisser quelques arbres croître dans les champs. Tu peux leur montrer comment planter l'acacia et le faux mimosa autour des limites de vos champs. S'ils commencent à faire cela durant cette saison tout en creusant et en utilisant les trous zaï, au bout de quatre ou cinq ans, vos champs seront de nouveau fertiles. Vous n'aurez plus besoin des trous zaï non plus.

« Regardez ces jeunes acacias et faux mimosas qui poussent autour des champs de Thomas. Ils deviendront bientôt grands et il n'aura plus besoin des trous zaï. »

Jean dit : « Oncle Simon, un grand avantage de toutes ces méthodes qui utilisent des arbres et des trous zaï est ceci: elles ne coûtent pas de l'argent. Elles demandent beaucoup du travail, mais les gens disposent de temps pendant la saison sèche pour faire ce travail. Ainsi ils ne n'ont pas besoin de dépenser de l'argent dans les engrais. Cela est bon parce que beaucoup de gens n'ont pas d'argent pour les acheter. »

« C'est vrai, Jean. C'est pourquoi nous enseignons dans beaucoup de communautés comment utiliser ces méthodes. Les gens de ces communautés l'enseignent aussi aux gens des communautés lointaines. Petit à petit, plus de gens apprennent ces méthodes. Cela nous aidera à restaurer notre terre. »

Le compost

Les hommes retournèrent à la maison de Thomas. Ils s'assirent à l'ombre sous un large buisson de bougainvillier au port étalé. Sarah, la femme de Thomas, apporta du thé. Tandis qu'ils étaient assis à boire du thé, d'autres hommes et quelques femmes de Kimweni vinrent et s'assirent avec eux. Sarah dit :

« Nous essayons d'avoir un jardin potager proche de notre maison. Mais le sol est tellement pauvre que presque rien ne pousse. Que devons-nous faire ? »

Le pasteur Simon se tourna vers Jean et lui demanda d'expliquer aux femmes de Kimweni comment faire du compost pour leurs jardins potager.

Jean commença à leur expliquer comment avoir un bon approvisionnement de compost toujours disponible pour leurs jardins. «On fait du compost à partir de plantes mortes, comme les mauvaises herbes et les résidus de vos cultures. Les feuilles mortes font aussi du bon compost. Ces plantes et feuilles mortes pourrissent mais ont beaucoup de minéraux dont les cultures ont besoin.

« Trouvez premièrement un endroit à l'ombre proche de votre maison d'environ 12 pieds (4 mètres) sur 6 pieds (2 mètres). Construisez un petit abri dessus pour le protéger du soleil ardent ainsi que des fortes pluies. Construisez un enclos de branches et de lames sur trois de ses côtés. Divisez l'enclos en 3 sections en mettant une petite clôture entre chaque section.

« Commencez à rassembler les plantes et feuilles mortes et mettez-les dans la première section. Essayez de trouver du fumier animal. Si vous avez des poulets, des lapins ou des pintades, mettez leur fumier sur le tas. Vous pouvez utiliser du fumier de chèvre ou même un peu de bouse de vache également. Le fumier aide les plantes mortes et les ordures à pourrir rapidement. Vous n'en avez pas besoin en grande quantité. Une couche fine de fumier au-dessus du tas quand il est à une hauteur d'environ la longueur de l'avant–bras est suffisant. Si vous en utilisez trop, il peut brûler les plantes mortes.

« Vous pouvez également mettre les ordures de la cuisine sur le tas, comme les peaux de banane, de papayes ou de citrons. Vous pouvez aussi utiliser les tiges de maïs et de mil, même les épis après avoir enlevé les grains.

Trois sections constituent une bonne fosse fumière

« Le compost a besoin de temps en temps d'eau. S'il ne pleut pas, mettez un seau d'eau une fois par semaine. L'eau aide les plantes à bien pourrir. Lorsque le tas atteint deux pieds de hauteur (un demi-mètre), prenez une bêche et retournez le tas de compost. Ce qui était en bas et a commencé à pourrir est maintenant en haut. Continuez à y ajouter plus de plantes mortes.

« Lorsque le compost dans la première section a 4 ou 5 pieds (un mètre et demi) de hauteur, prenez une bêche et déplacez le tas dans la deuxième section. Il continuera à se décomposer là-bas.

Commencez un nouveau tas dans la première section. Lorsque la première section est pleine, déplacez maintenant le compost de la deuxième section dans la dernière section. Déplacez le compost de la première section dans la deuxième. Et commencez un nouveau tas dans la première section. A ce moment le tas de compost dans la dernière section, qui a commencé dans la première section, est prêt à être utilisé. »

« Comment utiliser ce compost ? » demanda Sarah, la femme de Thomas.

Mise de compost dans les lits de germination

« Dans votre jardin potager, faites des lits de germination. Elles devront être élevées à presque 8 pouces (20 cm) au-dessus du sol. Vous pouvez le faire en mettant des rondins, ou des morceaux de bambou autour du lit de germination. Enlevez la terre du milieu du lit de germination et mettez-y beaucoup de compost de la troisième section. Ensuite, remettez la terre au-dessus du compost. Vous pouvez maintenant planter vos légumes. »

Une autre femme posa une question : « Es-tu sûr que les légumes pousseront ? »

« Bien sûr, répondit Jean, si vous les arrosez régulièrement. Vous devez avoir une bonne clôture autour des lits de germination pour protéger les légumes contre les poules, les chèvres et autres animaux. »

Le pasteur Simon prit la parole: « Vous pouvez aussi utiliser le compost dans les trous zaï si vous en avez suffisamment. Ou dans les trous dans lesquels vous voulez planter de nouveaux arbres. Le compost aide les cultures ou les jeunes arbres à bien grandir.

Il ouvrit sa Bible et leur lut la parabole que Jésus avait raconté sur l'homme qui avait un arbre fruitier qui ne produisait pas de fruit.

> *Un homme avait un figuier planté dans sa vigne. Il vint pour y chercher des figues, et il n'en trouva point. Alors il dit au vigneron: Voilà trois ans que je viens chercher du fruit à ce figuier, et je n'en trouve point. Coupe-le: pourquoi occupe-t-il la terre inutilement? Le vigneron lui répondit: Seigneur, laisse-le encore cette année; je creuserai tout autour, et j'y mettrai du fumier. Peut-être à l'avenir donnera-t-il du fruit ; sinon, tu le couperas. Luc 13 : 6-9 LSG*

Moïse prit la parole: « La nuit dernière j'ai pensé à cette histoire que tu nous as racontée hier. J'étais impressionné par le fait que même Jésus comprenait l'importance d'apporter de la nourriture à la terre pour la croissance des arbres et des plantes. Donc si nous voulons cultiver de bons légumes et avoir de bonnes récoltes, nous devons faire du compost pour nos jardins et mettre beaucoup de paillis dans nos champs. »

Les engrais

Thomas prit la parole: « Pasteur, la parabole que tu as lue parle d'engrais. Devrions-nous mettre de l'engrais dans nos jardins et nos champs ? »

Son épouse demanda aussitôt : « Excusez-moi. C'est quoi l'engrais? »

Jean répondit : « Les plantes ont besoin de certaines choses pour grandir et produire de la nourriture. Elles ont besoin d'eau, d'air et de soleil. La substance verte dans les plantes, appelée 'chlorophylle', utilise de l'eau et de l'air pour faire croître la plante. Le soleil donne de l'énergie pour cela. Cependant, les plantes ont aussi besoin des certains minéraux pour produire la chlorophylle pour faire croître les plantes. Il faut de l'azote, des phosphates et d'autres minéraux.

« Les engrais que vous achetez contiennent ces minéraux. L'usine d'engrais prend ces minéraux, les mélange sous forme de poudre ou en petits morceaux et les mets dans des sacs pour les vendre. Nous appelons cela 'engrais chimiques' car les minéraux proviennent de produits chimiques. Vous pouvez acheter un sac d'engrais chimique et le mettre dans les champs au moment des cultures. Lorsque les nouvelles plantes poussent, leurs racines vont absorber ces minéraux des engrais dans la terre. Cela les aide à croître rapidement et à grossir et à vous produire plus de vivres. »

Le pasteur Simon dit : « Jean, tu as donné une bonne explication sur ce que sont les engrais et ce qu'ils font. Sarah, comprends-tu cela? »

« Oui, je le comprends, répondit Sarah. Cela me semble bon parce que j'ai besoin de beaucoup de vivres pour nourrir mes enfants qui grandissent. Mais nous sommes pauvres et nous n'avons pas d'argent pour acheter des engrais. »

Le pasteur Simon dit : « Sarah a mentionné un véritable problème concernant les engrais. Ils coûtent de l'argent et beaucoup de pauvres ne peuvent pas les acheter. En plus, vous ne pouvez pas trouver des engrais dans des magasins dans plusieurs endroits. L'utilisation des engrais a aussi d'autres problèmes. »

Jean dit : « Oncle Simon, peux-tu nous dire quels sont ces problèmes ? »

Le Pasteur dit : « Les gens qui utilisent des engrais doivent en avoir une bonne connaissance. On fabrique différentes sortes d'engrais. Pour connaître le type d'engrais à utiliser, tu dois premièrement analyser la terre dans les champs et dans le jardin. Les moyens pour analyser la terre coûtent de l'argent. Mais si tu ne connais pas ton sol, tu ne sauras pas quel engrais acheter.

« Tu dois aussi connaître la quantité d'engrais à utiliser. Tu dois savoir quand est-ce qu'il faut le mettre dans la terre et la meilleure façon de le faire. Si tu appliques beaucoup d'engrais aux plantes, il va les brûler et les plantes vont mourir. Et si tu en mets juste un peu dans la terre, il n'aidera pas les plantes. Ainsi, tu auras dépensé de l'argent pour rien. »

Robert prit la parole: « Pasteur Simon, il y a un autre problème. Mon frère habite dans un autre pays où on cultive beaucoup de vivres. La plupart des agriculteurs utilisent beaucoup d'engrais chimiques. Cependant, les gens là-bas ne peuvent plus boire l'eau de leurs rivières ou de leurs puits. Les produits chimiques s'infiltrent dans la nappe profonde de l'eau et la rendent impure. Cette eau n'est plus potable, car elle peut rendre les gens malades. Ils achètent désormais l'eau des bouteilles pour boire. »

Jean dit : « Nous ne devons pas non plus oublier quelque chose d'autre concernant les engrais. Ils fonctionnent assez bien sur une terre qui est lourde, comme une terre qui a de l'argile ou du compost. Les minéraux restent dans cette terre pendant quelque temps. Les racines de nouvelles plantes peuvent les trouver et les utiliser pour bien croître et produire de la nourriture.

« Cependant, notre terre contient beaucoup de sable. Si nous mettons des engrais chimiques dans du sol sablonneux, celui-ci ne saura pas retenir les minéraux des engrais. Les fortes pluies emportent rapidement les minéraux dans des profondeurs où les racines des jeunes plantes ne peuvent pas parvenir. Les engrais seront partis avant que les nouvelles plantes ne les utilisent. Ainsi, dans notre sol sablonneux, nous pouvons perdre beaucoup de ces engrais si nous les utilisons sur notre sol. »

Le pasteur Simon conclu en disant : « Tu vois, Sarah, il vaut mieux faire du compost et l'utiliser dans ton jardin que d'acheter de l'engrais. »

Robert prit encore la parole : « Pasteur Simon, je suis enseignant. Lorsque j'arrive à la fin de la leçon, je donne un petit résumé de ce que j'ai enseigné. J'ai écouté cette conversation à propos de l'engrais et du compost. Puis-je faire un résumé de ce que j'ai entendu ? Si ce n'est pas correct, Jean ou toi pourrez me corriger. »

« C'est une bonne idée Robert. Vas-y. »

Robert dit : « Nous avons deux façons dont nous pouvons rendre notre terre fertile. La première est d'acheter des engrais chimiques et de les utiliser correctement dans nos champs. Cela nous coûtera de l'argent. Mais nous aurons plus d'argent à partir de la nourriture supplémentaire que les engrais aident à produire. Cependant, les engrais pourraient aussi polluer l'eau que nous buvons.

« La deuxième façon est de faire du compost et de le mettre dans la terre. Le compost provient des plantes qui sont tout autour de nous. Il ne nous coûte rien, juste certains travaux supplémentaires. Les minéraux dans les plantes mortes constituent des minéraux dont les nouvelles plantes ont besoin pour bien croître. Ai-je bien résumé? »

Le pasteur Simon et tous les autres approuvèrent ce qu'il avait dit. Le pasteur Simon ajouta que Dieu nous a donné beaucoup de bonnes choses dans la terre et dans les plantes. Il nous a aussi donné l'intelligence. Si nous apprenons comment bien appliquer ce que Dieu nous a donné et travaillons dur pour bien utiliser ces ressources, nous serons bénis en obtenant de la bonne nourriture.

Avant que les gens ne quittent pour retourner chez eux, Robert pria. Il remercia Dieu pour ce qu'ils avaient appris. Il demanda à Dieu de les aider à faire bon usage de cette nouvelle connaissance. Il demanda de la sagesse pour utiliser correctement les nombreuses bonnes choses que Dieu a mises à notre disposition dans la nature, la terre, ainsi que dans les plantes.

Le problème de l'érosion

Sur le chemin de retour à Katindi, les hommes discutèrent davantage des arbres et des champs. Ils montèrent une colline et traversèrent le village de Namuru. En observant les petits champs autour de Namuru, ils pouvaient apercevoir plusieurs ravins causés par les pluies. Le pasteur Simon fit remarquer cela à Moïse. Il dit que cela était un grand problème dans beaucoup de communautés. Il avait déjà envoyé un message à ce sujet aux agriculteurs et responsables d'églises dans plusieurs communautés de la zone, dont Namuru, les invitant à venir à Katindi le samedi suivant pour discuter du problème de l'érosion et de ce que chaque agriculteur devait faire. Moïse dit qu'il viendrait avec quelques-uns de ses agriculteurs qui avaient aussi des champs sur la colline. L'érosion était une grande préoccupation pour eux.

Lorsqu'ils arrivèrent au carrefour, ils se dirent au revoir. Moïse remercia le pasteur Simon et Jean ainsi que les autres pour tout ce qu'ils lui avaient dit. Il dit que certains de ses agriculteurs et lui viendraient le samedi, parce qu'ils voulaient vraiment en savoir davantage sur l'érosion. Après une brève prière, Moïse se retourna et prit la route menant à Malenga, et le pasteur, Jean, ainsi que les autres retournèrent à Katindi.

Questions d'étude

1. *Quelles sont la largeur et la profondeur des trous zaï ?*
2. *A quel intervalle doit-on les creuser les uns des autres?*
3. *Pour quelles raisons met-on des plantes et des herbes mortes, et même des ordures de la cuisine dans les trous zaï ?*
4. *Pourquoi les graines semées dans les trous zaï poussent-elles mieux ?*
5. *Est-ce que vous pouvez faire ceci là où vous êtes?*
6. *Que pouvez-vous faire pour que, dans quelques années, les trous zaï ne soient plus nécessaires ?*
7. *Quelles sont les étapes à suivre pour faire un bon compost pour vos jardins ?*
8. *Quels sont les éléments que vous pouvez utiliser pour faire du compost ?*
9. *Lequel est mieux : l'engrais chimique ou le compost ?*

10. Lisez les chapitres 1, 2 et 3 de Genèse. Qu'est-ce que ces trois chapitres disent sur le travail ?

CHAPITRE 11

Combattre l'érosion des sols

Un grand groupe d'agriculteurs et de dirigeants d'églises habitant sur les collines et montagnes dans les alentours de Katindi se rassemblèrent à l'église de Katindi. Ils étaient venus pour discuter avec le pasteur Simon et d'autres dirigeants d'églises du problème de l'érosion sur les flancs des collines. Lors de fortes pluies, ils perdaient beaucoup de terre de leurs champs et de leurs flancs de colline. La terre perdue était la couche arable, qui est la meilleure pour la croissance des plantes. Leurs champs produisaient moins de vivres parce que la terre du fond qui restait n'était pas fertile. Beaucoup de ravins, dont certains profonds, s'étaient développés et étaient en train de s'agrandir. Quelques champs avaient même été engloutis par les ravins et avaient disparu. Le problème était grave.

Ils reconnaissaient tous que le pasteur Simon avait acquis de la sagesse quant à comment produire beaucoup de vivres et garder la terre fertile et saine. Son neveu Jean était venu de l'école agricole pour apporter sa contribution à cette rencontre. Les gens étaient impatients d'apprendre comment ils pouvaient protéger leurs petits champs et produire plus de nourriture.

Dieu nous dit de dominer sur la terre

Le pasteur Simon commença la réunion en lisant dans Genèse chapitre un. Il rappela aux gens que Dieu nous a confié la responsabilité de la terre, de la forêt, des sols et des animaux. Nous devons dominer sur eux ; ils ne doivent pas dominer sur nous. « Cependant, dit-il, pour bien dominer sur eux, nous devons faire deux choses. Nous devons rechercher et suivre la sagesse de Dieu. Nous avons également besoin de connaissances sur comment gouverner nos champs et notre forêt. C'est la raison pour laquelle nous sommes venus à cette rencontre aujourd'hui. »

Il pria et demanda à Dieu de les aider dans leur discussion. Puis il leur demanda de parler de ce qui se passait dans leurs champs et jardins. Il voulait entendre de leur bouche les problèmes auxquels ils étaient confrontés. Plusieurs d'entre eux parlèrent des ravines que les eaux de pluies avaient formées dans leurs champs.

Planter des arbres autour des champs

« Plusieurs de vos champs sont sur des flancs de colline, dit le pasteur Simon. Y-a-t-il des arbres plantés autour de chaque champ ? »

La plupart d'entre eux dirent qu'ils n'en avaient pas autour de leurs champs. Le Pasteur demanda alors à Jean de leur expliquer pourquoi il est important de planter des arbres autour de chaque champ. Jean expliqua comment une rangée d'arbres plantée de façon serrée tout autour de chaque champ aide à retenir la terre et à arrêter l'érosion. Il leur parla de comment certains arbres, tels que le faux mimosa et l'acacia, fixent l'azote dans le sol pour le rendre fertile.

Des champs cultivés du haut vers le bas causent l'érosion

Le pasteur leur demanda si leurs champs étaient cultivés du haut vers le bas du flanc de la colline, ou s'ils étaient en travers des collines. Beaucoup d'agriculteurs dirent que leurs champs étaient cultivés du haut vers le bas des pentes.

« C'est un vrai problème dont nous devons parler, dit le pasteur Simon. Les champs devront être en travers des pentes et non du haut vers le bas. Si vous plantez vos cultures en rangées qui vont du haut vers le bas du flanc de la colline, les eaux de pluie couleront en bas entre les rangées et emporteront de la terre. Des ravines se formeront rapidement et se développeront à chaque

Un champ de maïs semé du haut vers le bas d'une colline. Des ravines causées par les eaux de pluie entre les rangées.

pluie. »

Plusieurs agriculteurs acquiescèrent de la tête. « C'est exactement ce qui se passe dans nos champs, dirent-ils. Comment pourrions-nous savoir que nous devions faire des rangées en travers des pentes au lieu du haut vers le bas ? »

Faire des rangées en travers des pentes

Jean prit alors la parole: « Vous devez confectionner un simple instrument pour vous montrer le niveau du sol. Nous l'appelons

« Cadre A » parce qu'il apparaît comme la lettre 'A'. Prenez deux perches ou morceaux de bambou égaux et d'environ 5 pieds (1,5 mètres) de long. Attachez-les ou fixez-les ensemble à un bout. Trouvez un endroit plat et écartez les autres bouts d'un intervalle d'un mètre. Prenez une autre perche ou bambou d'un mètre et attachez-la ou fixez-la en travers des deux perches. Placez-la à mi-chemin entre le sol et le sommet où les perches sont attachées ensemble. Cela apparaîtra alors comme la lettre 'A'.

« Ensuite, attachez une ficelle au sommet du cadre de façon qu'elle reste suspendue au milieu du cadre. Attachez une petite pierre ou quelque autre poids à l'extrémité inférieure de cette ficelle à environ un mètre du sommet. La corde devra être suspendue en travers de la barre horizontale.

Remarquez que la ficelle suspendue en travers au centre du cadre A croise la barre.

« Placez le cadre A sur un terrain plat que vous connaissez. Si vous avez un niveau de menuisier, utilisez-le pour être sûr que le terrain est plat. Faites une marque là où la corde croise la barre. Tournez le cadre A et faites une marque de l'autre côté de la barre. Les deux marques devront être au même endroit. Si elles ne les sont pas, faites une grande marque finale à mi-chemin entre les deux marques. »

Jean avait là un cadre A et le montra au groupe. Ils pouvaient voir qu'il était facile faire.

Jean plaça le cadre A sur un terrain plat devant le groupe. La ficelle suspendue à un poids croisait la barre horizontale juste au niveau de la grande marque. « Cela veut dire que le terrain ici est plat », dit-il.

Il déplaça ensuite une perche du cadre A sur une petite marche; l'autre bout était toujours sur le sol. La corde se pencha cette fois-ci à plusieurs centimètres d'un côté de la grande marque. « Cela montre que le cadre A n'est pas au niveau », dit Jean.

« Vous pouvez construire un cadre A comme celui-ci pour vous-même, dit-il. Amenez-le dans l'un de vos champs. Placez-le sur une pente au côté élevé de la du champ. Si la corde se penche d'un côté de la marque sur la barre horizontale, sachez que le cadre A n'est pas au niveau. Le terrain dans cette direction est montant ou descendant. Déplacez un côté du cadre A jusqu'à ce que la ficelle s'aligne sur la grande marque. Vous savez que le terrain dans cette direction est au niveau. »

Il démontra une fois de plus que c'était facile de faire cela. « Déplacez le cadre A dans la direction du niveau le long de la pente de la colline. Mettez de petits piquets au fur et à mesure que vous avancez pour faire une courbe de niveau. Lorsque vous atteignez le bout du champ, sachez que vous avez parcouru la colline horizontalement et non du haut vers le bas.

« Déplacez-vous maintenant de 3 pieds ou plus (un mètre ou plus) vers le bas, et repartez le long du flanc de la colline pour faire une deuxième courbe inférieure. Mettez de petits piquets au fur à mesure que vous avancez. Continuez à faire des vas et viens le long du champ de cette manière pour faire plus de lignes de niveau. Faites-les en travers du champ en commençant par le sommet. Faites-en jusqu'au pied du champ. C'est alors que vous saurez que vous avez des rangées de niveau le long de la pente de la colline et non des rangées dirigées du haut vers le bas. Disposez vos semis le long de ces lignes de niveau. Cela empêchera les eaux de pluies d'emporter la terre. »

La mesure des courbes de niveau avec un cadre A sur une colline. Des bandes enherbées sont en train d'être plantées sur les courbes de niveau comme celles sur la colline au loin.

Le pasteur Simon dit : « C'est ce que nous appelons 'la culture en suivant les courbes de niveaux.' Il s'agit de cultiver le long des courbes de niveaux des pentes. Cela est indispensable pour arrêter l'érosion. »

Faire des terrasses dans les champs

Il se tourna vers Jean et lui dit : « Jean, certains de ces agriculteurs ont des champs assez grands sur des pentes. Explique-leur comment faire des terrasses. »

Jean expliqua que les terrasses fournissent au champ des courbes de niveau qui peuvent durer de nombreuses années. « Faites une courbe de niveau en travers du champ entre 10 et 15 pieds (3 à 5 mètres) à partir du sommet. Faites d'autres courbes de niveaux chaque 10 à 15 pieds (3 à 5 mètres) en-dessous des lignes précédentes. Vous avez maintenant une série de lignes ou de courbes de niveaux de trois à cinq mètres d'intervalle dans votre champ.

« Plantez une étroite et épaisse bande enherbée comme l'herbe de vétiver, d'environ 50 pouces (20 cm) de large le long de chaque ligne. Cela établira un mur d'herbes épaisses sur chaque courbe dans le champ. Chaque fois qu'il pleut, l'eau emportera un peu de terre de la partie supérieure de chaque terrasse vers la partie inférieure. Les bandes enherbées de vétiver la retiendront là. Après quelques pluies, les terrasses deviendront assez plates. Vous pouvez à ce moment cultiver vos cultures le long de chaque terrasse. Il n'y aura pas d'érosion. »

Le pasteur Simon expliqua comment des terrasses plates permettent à l'eau de pluie d'entrer dans le sol. Elle ne va plus couler sur la pente et causer l'érosion.

Jean ajouta : « Quelques fois, l'eau de pluie s'accumule dans les terrasses. Cela arrive là où le sol est dur ou épais, et où l'eau de pluie s'infiltre très lentement. Si beaucoup d'eau s'accumule, elle peut détruire les bandes enherbées et faire une grande ravine. Alors, là où l'eau s'accumule, faites un petit barrage de terre pour y retenir l'eau. Une partie de l'eau entrera dans le sol et l'autre s'évaporera. »

Amélioration du sol

Le pasteur leur décrivit comment le paillis pouvait protéger le sol contre l'érosion. Ils devaient étaler par terre des branches des faux mimosas et d'acacias qui se trouvent aux abords des champs entre les cultures. Les feuilles de ces branches sécheront et se décomposeront. Elles deviendront du paillis pour rendre le sol riche. Elles protégeront également le sol contre les fortes pluies. Les fortes pluies sur une terre non protégée conduiront à l'érosion. Le paillis permet à l'eau de pluie de pénétrer dans le sol au lieu de ruisseler pour causer l'érosion.

Le pasteur ajouta : « Je voudrais dire une chose de plus concernant les cultures. Nous avons appris que labourer la terre profondément n'est pas bon. Cela expose la terre au soleil. Le soleil brûle rapidement le compost dans la terre. Labourer profondément la terre permet aussi aux fortes pluies d'emporter beaucoup de terre par l'érosion. »

« Comment apprêter nos champs pour la culture? » demanda un agriculteur.

« Vous devriez tout simplement ameublir le sol avec une houe, répondit le pasteur Simon. Laissez les plantes et les racines mortes des moissons précédentes dans la terre. Elles serviront de nourriture pour aider les nouvelles plantes à bien croître. Ameublissez doucement la terre au lieu de la retourner. Pour semer, creusez de petits trous dans lesquels vous mettrez les semences. Les jeunes plantes pousseront mieux. Gardez la terre couverte à tout moment avec du paillis. De cette façon, la pluie n'emportera pas beaucoup de terre par l'érosion. »

Se débarrasser des ravines

Un agriculteur dit : « Pasteur, j'ai déjà des ravines dans mes champs. Que dois-je faire pour les remplir et empêcher la pluie de les agrandir? »

« La première chose à faire est de commencer par le haut de chaque ravine, dit le pasteur Simon. Essaie d'empêcher l'eau de pluie de se jeter dans la ravine par le haut de la ravine. Fais un petit barrage de terre en haut de la ravine pour empêcher l'eau d'y entrer. Mets des cultures ou l'herbe de vétiver le long des côtés de la ravine. Commence au sommet de la ravine et descends sur ses deux côtés. Tu peux même semer dans la ravine une culture de couverture comme le stylosanthes le long de ses côtés en pente. Ces plantes retiendront la terre dans la ravine et empêcheront la pluie de l'emporter. »

Jean prit alors la parole : « Tu devras aussi faire quelque chose au fond de chaque ravine. Mets trois ou quatre lignes de petits piquets ou bâtons en travers de la ravine. Ensuite, mets beaucoup de broussailles ou d'herbes sur le sol juste au-dessus de ces lignes. Ceci aidera à retenir l'eau et la terre qu'elle emporte dans la ravine. Si tu as des pierres dans le champ, constitue-en un tas au fond de la ravine. Les tas de branches ou de pierres aideront la ravine à se remplir de terre. »

Le pasteur dit : «Si la ravine est longue, tu devras faire des lignes de piquets ou de pierres à plusieurs endroits. Chacune aidera à retenir la terre que la pluie emporte. Elles vont ralentir le flux d'eau. L'eau ne va plus alors emporter beaucoup de terre.»

Jean ajouta : « Si les côtés de la ravine sont escarpés, cela conduit à beaucoup d'érosions. Utilise une bêche pour déverser dans la ravine la terre se trouvant au-dessus de chaque côté. Tu devras rendre les pentes de chaque côté de la ravine moins escarpées. Cela empêchera l'écoulement rapide d'eau le long de la ravine. Ensuite, plante de l'herbe ou même des cultures le long des côtés de la ravine. Celles-ci vont retenir la terre. Elles vont empêcher que la ravine ne devienne très profonde. »

Des toitures métalliques sur les maisons

Le pasteur Simon mentionna un autre problème qui peut causer l'érosion. Il posa la question au groupe : « Combien d'entre vous habitent dans une maison avec une toiture métallique ? »

La plupart d'entre eux affirmèrent être dans ce cas.

« Lorsqu'il pleut, qu'est ce qui se passe avec l'eau qui tombe de vos toits ? » demanda-t-il.

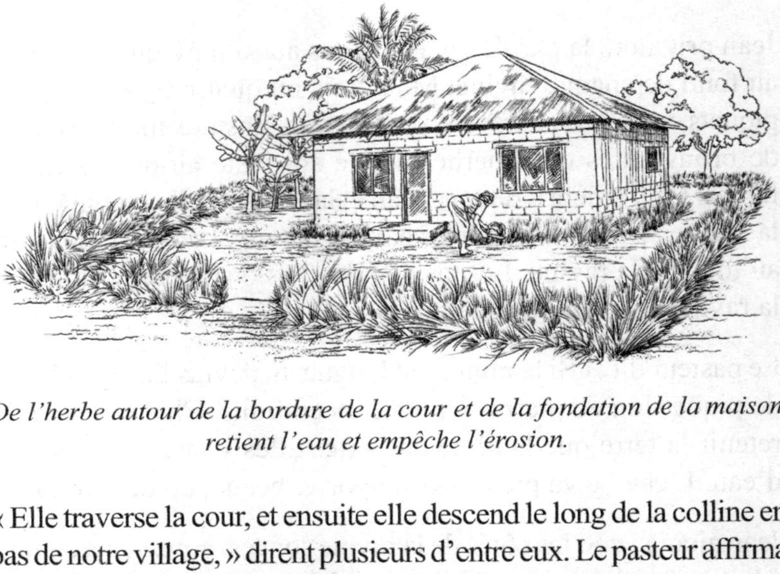

De l'herbe autour de la bordure de la cour et de la fondation de la maison retient l'eau et empêche l'érosion.

« Elle traverse la cour, et ensuite elle descend le long de la colline en bas de notre village, » dirent plusieurs d'entre eux. Le pasteur affirma que c'était là une grande quantité d'eau causant plus d'érosion.

« Que devrions-nous faire dans ce cas? » demandèrent-ils.

« Assurez-vous que le sol de votre cour est au niveau. Plantez des bandes enherbées d'herbe épaisse comme l'herbe de vétiver tout autour de votre cour. L'herbe de vétiver a des racines profondes qui maintiennent le sol. Plantez-la également autour de votre maison juste à côté de la fondation. L'herbe va empêcher l'eau de causer l'érosion autour de votre maison. Elle va aussi éloigner les termites. Taillez régulièrement les herbes de peur que les serpents n'y habitent. Si vous avez de petits ravins par lesquels l'eau coule à partir de votre maison, remplissez-les et plantez-y de l'herbe. Il est important d'arrêter toute eau de pluie de dévaler la colline. Elle emporte avec elle beaucoup de terre. »

Le problème des grands ravins

Un agriculteur dit : « Pasteur, certains des ravins sur nos collines sont profonds. Ils sont là depuis longtemps. Que devons-nous faire d'eux? »

« Ces ravins, dit le pasteur Simon, ont détruit beaucoup de bonne terre sur ces collines. Ils permettent à une grande quantité d'eau de pluie de ruisseler vers la vallée au lieu de descendre dans le sol où on en a besoin. Cela occasionne parfois des inondations qui causent des dégâts dans les champs des vallées. Ces inondations font descendre beaucoup de terre à partir de l'érosion dans les cours d'eau de la vallée. Cette terre peut tuer de nombreux poissons dans les cours d'eau. ».

« Que devons-nous faire d'eux? » demandèrent les agriculteurs.

« La première chose à faire est de commencer par le haut de chaque ravin. Faites ce que je vous ai dit de faire avec les ravines», répondit le Pasteur.

« Essayez de creuser une rigole sur chaque côté pour détourner

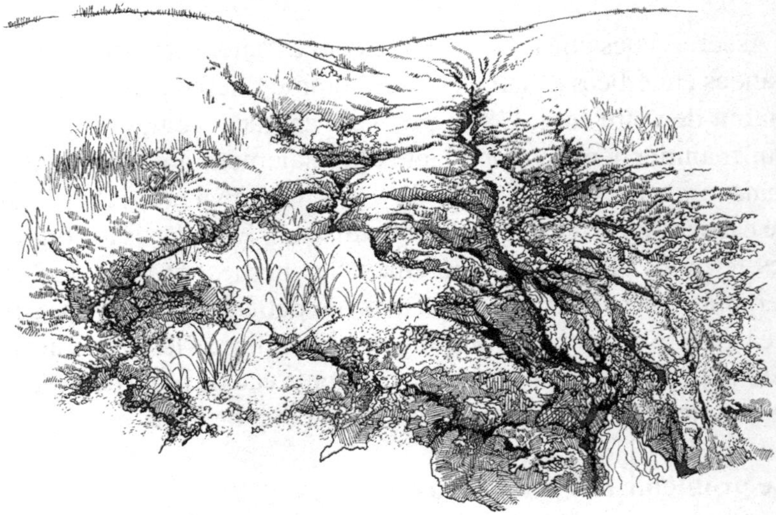

Un grand ravin causé par l'érosion.

l'eau. Ou construisez des barrages de terre au sommet de sorte que l'eau de pluie ne commence pas à aller dans le ravin. Plantez immédiatement de l'herbe sur les côtés de ces rigoles ou barrages pour retenir la terre. Si l'herbe pousse rapidement et n'est pas emportée, ces rigoles ou barrages seront utiles pendant longtemps.

« Ensuite il faut planter de l'herbe ou des arbres à croissance rapide le long des côtés des ravins. Cela aidera à maintenir la terre sur place. Cela aidera aussi à empêcher l'eau de pluie de descendre sur les côtés du ravin et de se diriger vers son centre. »

« Que pouvons-nous planter?» demandèrent-ils.

« Le bambous ou d'autres arbres à croissance rapide, ou de l'herbe comme le vétiver », répondit le pasteur.

Il continua : « Ces ravins sont aussi l'endroit qu'il faut pour commencer à planter des arbres de forêt à croissance lente. Il faudra plusieurs années pour que ces arbres deviennent grands. Une fois qu'ils deviennent grands, ils soutiendront le sol et finiront par remplir les ravins d'une forêt mature. Cela ramènera les oiseaux ainsi que de petits animaux dans notre terre. »

« Nous ne savons rien à propos de planter des arbres de cette façon, dirent les agriculteurs. Qu'est-ce que vous voulez dire par planter des arbres de forêt ? »

« C'est également une question très importante », répondit le pasteur. « Organisons une autre réunion le mois prochain pour en parler. J'aimerais que vous y soyez tous. Nous pouvons restaurer la forêt dans les endroits sur les collines où nous ne pouvons pas mettre des cultures. Si nous faisons cela, les collines ainsi

La restauration d'une ravine par la construction de barrages pour dévier l'eau, la plantation d'herbe et d'arbres et le remplissage des parties profondes avec des barrières de cailloux et bois.

que les vallées seront meilleures. Même l'air que nous respirons sera meilleur parce que les grands arbres de la forêt aident à purifier l'air. »

Les membres du groupe remercièrent le pasteur Simon, Jean ainsi que les autres dirigeants d'églises pour cette réunion. Ils dirent chacun qu'ils avaient beaucoup appris, et qu'ils envisageaient venir à la prochaine réunion concernant la plantation d'arbres de la forêt. Le pasteur Simon leur rappela que prendre soin de la terre est la responsabilité que Dieu nous a confiée. Lorsque nous travaillons dur à cela, nous accomplissons le travail de Dieu. Il peut nous aider si nous lui demandons sa sagesse et travaillons ensemble pour le faire. Ils conclurent la réunion par la prière. Plusieurs d'entre les hommes remercièrent Dieu pour son assistance durant cette discussion et lui demandèrent de les guider tous dans la restauration de la terre, des champs pour les cultures, et la forêt.

Après que le groupe soit parti, Robert resta pour discuter avec le pasteur Simon, Jean et Moïse. Il dit : « Nous avons un autre problème sérieux dont nous devons discuter. Dans la plupart de nos communautés rurales, les gens ont seulement une façon de gagner de l'argent. C'est en utilisant la terre, soit pour la culture, soit pour l'élevage. C'est la raison pour laquelle notre terre est devenue faible et infertile. A moins que nous trouvions d'autres moyens par lesquels les gens pourront gagner de l'argent, nous ne serons pas en mesure de restaurer notre terre. Pasteur, je propose que nous passions un peu de temps à penser aux moyens par lesquels les gens pourront gagner de l'argent sans dépendre de la terre. »

Le pasteur Simon sourit et dit : « Robert, tu as absolument raison. C'est vraiment un sujet important. Mais, nous avons eu une longue journée. Nous avons vu beaucoup de choses et avons eu une longue discussion. Venez à la maison demain matin et nous prendrons du thé ensemble. Nous pourrons alors parler de comment les gens pourront gagner de l'argent, améliorer notre économie locale et rendre nos communautés prospères. »

Questions d'étude

1. *Pourquoi est-il important de planter les cultures sur des courbes de niveau sur les pentes au lieu de les planter du haut vers le bas ?*

2. *Comment pouvons-nous faire des courbes de niveau le long des flancs des collines ?*

3. *Que devons-nous faire pour faire de terrasses permanentes sur les collines ?*

4. *Comment pouvons-nous restaurer des ravines déjà formées pour qu'elles fassent partie des champs pour la plantation de cultures?*

5. *Que devons-nous faire au fond des ravins pour les empêcher de devenir plus larges et continuer à causer des inondations ?*

6. *Pourquoi devrons-nous faire tout ce travail ? Quels profits allons-nous en tirer ?*

CHAPITRE 12

Des moyens pour gagner de l'argent dans une communauté

Pourquoi la forêt a disparu

Le matin suivant, après avoir bu du thé et mangé des arachides, du pain et des fruits, le pasteur Simon, Robert, Moïse et Jean s'assirent et causèrent. Le Pasteur demanda à Moïse de dire aux autres pourquoi les gens de son village avaient des difficultés pour produire suffisamment de vivres. Moïse réfléchit un petit moment et commença ensuite à parler.

« Il y a plusieurs années de cela nous avions une grande forêt. Des animaux et des oiseaux vivaient dans la forêt et nous pouvions souvent manger de la viande. Il y avait des champignons dans la forêt, ainsi que plusieurs sortes de fruits. Nos ancêtres ont transmis cette forêt d'une génération à une autre. Ils disaient que personne ne devrait jamais la détruire.

« Par la suite, le village a commencé à s'agrandir. Dans le passé, nombreux de nos enfants mourraient. Mais maintenant, grâce aux nouveaux médicaments, nombreux d'entre eux survivent. Nous avions ainsi besoin de plus de vivres et de plus de terre pour produire des vivres.

« Nos enfants voulaient aller à l'école, et cela coûtait de l'argent. Ils avaient besoin de vêtements, et cela coûtait aussi de l'argent. Nous nous sommes rendu compte que nous devrions avoir plus d'argent. Mais le seul moyen par lequel nous pouvions trouver de l'argent était de produire plus de vivres pour en vendre une partie. Pour ce faire il fallait de vastes champs et des jardins. C'est ainsi que nous avons commencé à couper la forêt pour avoir plus de champs. »

Jean prit la parole: « Tu es en train de dire que comme le village s'agrandissait, la forêt devenait plus petite parce que vous l'utilisiez pour avoir des champs servant à la production de vivres?»

« Exactement, répondit Moïse. Jadis, nous cultivions un champ et récoltions la culture. Puis ce champ devait rester en jachère pendant cinq ans avant que nous y cultivions à nouveau. De cette façon, la terre dans ce champ redevenait encore fertile. Nous ne faisons pas cela de nos jours. Nous avons besoin de plus de vivres pour nous-mêmes et pour en vendre afin de gagner de l'argent. Ainsi, nous avons continué à couper davantage de forêt. Nous ne pouvions plus laisser un champ se reposer pendant cinq ans. Nous cultivons maintenant nos champs avec un intervalle d'une année ou même chaque année. »

« Qu'est ce qui est arrivé à vos champs ? » demanda le pasteur.

« Nous disons que la terre est devenue fatiguée. Elle ne peut plus nous produire assez de vivres. Les champs nous produisent chaque année de moins en moins de vivres. Mais, nous ne comprenons pas pourquoi. »

Pourquoi la terre est fatiguée

« Je peux vous dire pourquoi, dit Jean. Les plantes ont besoin de nourriture pour bien grandir. Elles trouvent leurs aliments dans le sol. La nourriture provient de plantes et d'herbes qui sont mortes. Elle provient aussi des feuilles d'arbustes et d'arbres. Les plantes et les feuilles tombent sur le sol, se décomposent et deviennent une partie du sol. Cela fournit de la nourriture aux nouvelles plantes ou cultures. Les plantes ont aussi besoin des minéraux qui se trouvent plus profondément dans le sol. Ce sont les racines des arbustes et des arbres qui remontent ces minéraux de la profondeur de la terre.

« Lorsque tu cultives le même champ chaque année ou tous les deux ans, les broussailles ainsi que les arbustes ne pourront pas pousser. Ils ne sont plus là pour laisser tomber les feuilles sur le sol ou pour ramener les minéraux de la profondeur de la terre à la surface. Alors, la terre ne contient pas d'aliments.

« Comme la terre n'a pas d'aliments, les cultures que vous plantez ne peuvent pas bien croître. Elles ne peuvent pas produire suffisamment de vivres. Vous avez raison lorsque vous dites que la terre est fatiguée. Vous pourriez aussi dire que la terre a faim, ou même qu'elle meurt de faim. Ainsi, elle ne peut plus produire beaucoup de vivres. »

Le pasteur Simon dit : « Moïse, c'est comme demander à un homme qui est affamé et fatigué de continuer à travailler. Il ne peut pas le faire à moins qu'il se repose et ait mangé de la bonne nourriture ».

« C'est ce que vous faites à votre terre, dit Jean à Moïse. Vous la faites travailler presque chaque année. Elle ne peut pas avoir la nourriture dont elle a besoin pour alimenter ce que vous cultivez. La terre est affamée et fatiguée. Elle n'est plus en mesure de produire la nourriture dont vous avez besoin. »

La terre est le seul moyen pour gagner de l'argent

« Mais Pasteur, dit Moïse, nous devons produire beaucoup de vivres. Nous devons vendre de la nourriture pour gagner de l'argent. Nous devons envoyer nos enfants à l'école. Nous avons beaucoup de choses que nous voulons acheter. La terre est le seul moyen par lequel nous pouvons gagner de l'argent. »

Les hommes furent silencieux pendant un moment. Robert

les avait rejoints. Le pasteur Simon dit: « Moïse, c'est le vrai problème que Robert a soulevé hier soir. Vous avez vraiment besoin d'argent. Nous en avons tous besoin. Comme tu le dis, utiliser la terre pour produire de la nourriture ou élever des animaux est le seul moyen pour gagner de l'argent. D'autre part, la terre est en train de s'épuiser et ainsi elle produit moins de vivres à vendre pour gagner de l'argent. Elle ne permet pas d'élever beaucoup d'animaux à vendre. »

« Que pouvons-nous alors faire ? » demanda Moïse.

« C'est une question importante, répondit le Pasteur. Nous avons besoin de beaucoup de sagesse lorsque nous y pensons. La réponse est assez simple, et cependant, cela veut dire que nous devons changer la façon dont nous pensons gagner de l'argent. Nous devons trouver d'autres moyens pour gagner de l'argent sans utiliser la terre.»

« Que veux-tu dire ?» demanda Moïse.

Le pasteur se tourna vers Robert et lui demanda de raconter à Moïse ce qui s'est passé dans leur école quelques années auparavant. Robert sourit et commença à parler.

Gagner de l'argent à partir d'autres moyens

« J'ai demandé un jour à une classe d'élaborer une liste des choses qu'ils achètent souvent à la boutique en ville. Nous avons regardé ensemble la liste pour voir si nous achetions des choses que nous-mêmes pouvions fabriquer et vendre. Il y avait le savon sur la liste, j'ai donc demandé à deux garçons de mener des recherches sur comment fabriquer du savon. Ils l'ont fait et ont découvert ce qu'il faut pour fabriquer du savon. Je leur ai confié la tâche d'acheter de l'huile et de la soude caustique et de trouver deux grands pots pour essayer de fabriquer du savon.

Le professeur de science les a aidés, et ils ont fabriqué plusieurs morceaux de savon. Ils ont commencé ensuite à fabriquer du savon chaque weekend et pendant les vacances. Ils ont fini l'école maintenant et ils fabriquent du savon chaque jour, et les gens l'achètent. Ils gagnent beaucoup d'argent. »

Il leva un morceau de savon et dit : « Voici un morceau de savon qu'ils ont fabriqué. Vous pouvez l'apporter chez vous à la maison et l'utiliser. »

Moïse était dans l'étonnement : « Ils font des morceaux de savon comme ceci ici même à Katindi ? »

Une femme faisant du pain à vendre, avec sa fille qui l'aide.

« C'est exact, dit Robert. Ils y mettent même un peu de parfum et ça sent bon. »

Robert poursuivit : « Sur cette liste il y avait des habits pour les bébés et les petits enfants. J'ai parlé à Virginie ici et elle a commencé à montrer à quelques filles comment les faire. Trois d'entre elles en fabriquent et les vendent à partir de leurs maisons. Les gens des autres villages proches viennent les acheter. »

Des femmes font du pain

Yvonne dit : « Certaines de nos femmes ont décidé de travailler ensemble pour faire du pain et le vendre. Les gens sont contents d'acheter du pain frais. Au début, dix des femmes ont mis de l'argent ensemble et ont acheté un sac de farine. Elles l'ont donné à une femme qui a commencé à faire du pain à vendre. La deuxième semaine, elles ont donné plus d'argent et ont acheté un autre sac pour une deuxième femme. Elles ont continué à faire ainsi pendant neuf semaines de sorte que chaque femme a eu de la farine pour faire du pain pendant neuf semaines. La dixième femme est au marché chaque jour pour vendre le pain fait par les autres. L'argent est ensuite réparti entre elles toutes.

Une femme vendant du pain et des morceaux de savon au marché.

Elles ont assez d'argent à partir de ce qu'elles gagnent pour continuer à acheter de la farine et à soutenir leurs familles. »

« Tu vois, Moïse, dit Robert. Beaucoup de choses que nous achetons à la boutique, nous pouvons les fabriquer nous-mêmes. Je suis sûr qu'il y a des gens dans votre village qui pourraient commencer à faire des choses pour les vendre. Vous

Roger gagne sa vie grâce à la menuiserie.

avez probablement quelques jeunes hommes qui pourraient apprendre la simple menuiserie. Ils pourraient fabriquer et vendre des tables, des chaises et d'autres meubles dont les gens ont besoin. »

Roger prit la parole. « C'est exactement ce que j'ai fait et maintenant, je gagne bien ma vie. Mon épouse et moi avons un petit jardin pour cultiver des légumes. Mais, nous n'avons pas de champs pour cultiver le maïs, le mil ou les arachides. Nous les achetons chez nos voisins agriculteurs. »

Moïse ne parut pas rassuré par cela et dit : « Nos jeunes gens ne veulent pas apprendre un métier. Ils veulent terminer l'école secondaire et aller à l'université. Et ensuite, ils s'en vont nous laisser. »

Le pasteur Simon prit la parole. « Ceux qui peuvent terminer l'école secondaire et aller à l'université devraient le faire. Mais tu sais qu'il y en a qui ne le font pas et abandonnent l'école. Ce sont ceux-là qui devront apprendre un métier comme Roger et commencer à gagner beaucoup d'argent. »

« Comment cela va-t-il nous aider à avoir plus de nourriture? » demanda Moïse.

Les entreprises communautaires aideront à produire plus de nourriture

« Cela augmentera l'argent dans votre village, répondit Robert.

Supposons que la moitié de vos gens gagnent de l'argent en dehors de la culture vivrière. Ils n'auront pas besoin de champs pour produire des aliments. Leurs champs pourraient devenir une forêt ou des endroits pour élever des animaux. L'autre moitié de vos gens peut utiliser leurs champs pour produire assez de vivres pour eux-mêmes et pour vendre aux gens faisant ces petits commerces. Vous ne vendrez plus vos aliments à un prix bas aux marchands qui les acheminent dans les grandes villes pour les revendre à un prix élevé. Vos agriculteurs vendront les aliments à bon prix aux gens de votre village qui gagnent de l'argent à partir de ces autres moyens. Tous les aliments que vous produisez et l'argent que vous en gagnez resteront dans votre village. Tout le monde en profitera et la terre se portera mieux. »

Se faire de l'argent en réparant des bicyclettes et des chaussures dans la communauté.

Robert ajouta : « Le fils de l'un de mes amis a appris comment réparer les bicyclettes. Les gens ne cessent de lui amener leurs bicyclettes pour les réparer. Il gagne de l'argent en faisant cela. »

Rebecca prit la parole. « Arthur, un membre de notre église, a été à une école professionnelle dirigée par un groupe d'églises dans le centre appartenant au district. Il est maintenant maçon et aide les gens à construire leurs maisons. Il gagne beaucoup d'argent. »

Le pasteur Simon dit : « Ceux-ci sont de bons exemples de comment les gens peuvent gagner de l'argent en faisant des choses ou en réparant des choses. Ils ont appris comment le faire. Ils gagnent leur vie maintenant par des moyens qui ne nuisent pas à la terre. »

Les jeunes gens resteront dans la communauté

« Si nous pouvons aider nos jeunes gens à trouver des moyens de gagner de l'argent juste ici dans notre village, ils y resteront, ajouta Robert. Ils ne vont pas aller dans les grandes villes pour chercher du travail. Ils gagneront de l'argent pour se prendre en charge ainsi que leurs familles. Ils achèteront aussi les aliments que les agriculteurs dans la communauté produisent. Cela aidera tout le monde dans la communauté à mieux vivre. »

Le pasteur Simon dit : « Pensons-y de cette façon. La vie dans une communauté est comme une table. Une table a au moins quatre pieds. Un 'pied' représente la production de vivres. Si vous avez une menuiserie dans votre communauté, cela représenterait un deuxième pied. Peut-être que quelqu'un pourrait apprendre comment fabriquer des bougies. Cela ajouterait un autre pied. Quelqu'un d'autre pourrait apprendre comment faire du cuir à partir de la peau de vaches ou de chèvres. Cela serait un autre pied. Et ainsi de suite. Chaque communauté a besoin d'avoir des gens qui font des choses à vendre, ou qui peuvent réparer les effets des gens. La vie dans une telle communauté serait comme une table solide qui a beaucoup de pieds. Elle peut supporter un poids lourd car elle a beaucoup de pieds. Mais dans votre communauté, Moïse, vous avez une table avec un seul 'pied'. »

Moïse réfléchit un moment et dit ensuite : « Je crois que je comprends ce que vous dites. Mais comment pourrions-nous trouver un atelier ou une menuiserie dans notre communauté, ou quelqu'un pour réparer les bicyclettes ? »

Le pasteur Simon sourit. « Parlez-en avec vos notables, vos enseignants d'école et vos femmes. Les enseignants peuvent donner des projets aux élèves sur comment fabriquer des choses à vendre comme Robert l'a fait ici. Les femmes peuvent faire du pain ou des vêtements comme on les fait ici. D'autres jeunes gens peuvent apprendre des métiers auprès d'hommes ou de femmes adultes, ou même aller même dans une école professionnelle proche pour apprendre comment devenir tailleur, maçon ou mécanicien. Ils sauront rapidement fabriquer des choses pour gagner de l'argent. Cela aidera toute votre communauté. »

David, l'agriculteur, avait rejoint le groupe. Il prit alors la parole. « Mon grand-père avait un bon champ de dix acres. Il pouvait y cultiver tous les aliments dont sa famille avait besoin. Il avait trois fils. Chacun d'eux se maria, et mon grand-père a réparti le champ entre eux. Mon père a reçu trois acres. Il avait des difficultés à produire assez de vivres pour nous. Il avait deux fils et finalement il a décidé de répartir le champ entre nous deux. J'ai seulement une acre et demie. Ceci ne peut pas produire assez de vivres pour nourrir notre famille de cinq personnes et avoir assez à vendre pour gagner l'argent dont nous avons besoin. Alors, j'ai appris à faire de simples outils agricoles que je vends à d'autres. »

« Que deviendront vos enfants? » demanda Moïse.

« J'ai déjà un fils qui étudie dans une école de menuiserie », répondit David. Son petit frère veut apprendre l'informatique et ensuite chercher du travail. Je veux que mes filles apprennent à enseigner ou deviennent des secrétaires. Ainsi, personne d'entre eux ne dépendra de la terre. »

Robert lui demanda : « Personne d'entre eux ne veut-il pas continuer à l'université ? »

David répondit : « Nous en avons parlé, mais ils ont refusé. Nombreux de ceux qui terminent l'université n'ont pas un bon travail. Certains retournent aux champs et les autres s'assoient juste pour attendre du travail. Mes enfants croient qu'il est mieux d'aller dans une école qui peut leur enseigner comment gagner de l'argent par eux-mêmes. »

« C'est une idée sage, répondit Robert. Je souhaite que plus de jeunes gens suivent leur exemple. »

Moïse dit : « Cette idée est toute nouvelle pour moi. Je suis sûr qu'elle l'est aussi pour mes gens. Je ne sais pas s'ils vont l'accepter. »

Une communauté forte

Le Pasteur répondit : « En fait, ce n'est pas une nouvelle idée. Elle est très ancienne. Nous trouvons cette idée au début de la Bible, dans le livre de Genèse chapitre quatre. Nous voyons là comment les hommes ont appris différents métiers au commencement de la vie humaine sur la terre. Certains ont appris comment élever le bétail ; d'autres, comment faire l'agriculture. D'autres étaient des forgerons qui fabriquaient des outils avec du fer. D'autres ont appris comment fabriquer des instruments de musique. Certains savaient comment construire des bâtiments et des villes ont été érigées. Ainsi de nos jours, nous devons apprendre à faire différentes choses. Chaque personne va produire quelque chose dont les autres ont besoin. Il gagnera alors de l'argent des autres gens pour les choses qu'il fait. De cette façon, toute la communauté va se développer et devenir prospère. »

« Certains continueront toujours à cultiver et à vendre leurs produits agricoles, ajouta Robert. Ils prendront soin de la terre de sorte qu'elle reste toujours fertile comme nous le faisons ici à Katindi. Ils peuvent gagner de l'argent en vendant des aliments aux enseignants, aux charpentiers, aux maçons, aux réparateurs et à tous les autres. »

Moïse fut silencieux pendant quelques minutes. Les autres pouvaient voir qu'il pensait à quelque chose. Finalement il dit : « Je suis le chef de Malenga. Le nombre de la population dans notre communauté a beaucoup augmenté. Nous n'avons plus assez de terre pour mener des activités agricoles. Même moi, je n'ai pas assez de terre pour ma famille. Que devons-nous faire ? »

« Moïse, répondit le pasteur, c'est une grande question. Nous en avons discuté ici à Katindi. La question est de savoir comment nous devons organiser nos familles et nos terres de sorte que tout le monde ait assez à manger et ait des possibilités de gagner de l'argent. Je rassemblerai certains de mes gens, et nous en discuterons cet après-midi. »

Questions d'étude

1. *Qu'est-ce qui pousse les gens à couper de plus en plus la forêt pour y produire plus de vivres ?*

2. *Faites une liste de plusieurs raisons qui expliquent pourquoi la terre s'épuise et devient incapable de produire beaucoup de vivres.*

3. *Pourquoi est-il important que les gens apprennent à gagner de l'argent par des moyens autres que l'agriculture et l'élevage ?*

4. *Faites une liste des choses que vous pouvez fabriquer et vendre aux autres dans la communauté pour gagner*

de l'argent.

5. *Y a-t-il des endroits où vos enfants peuvent aller apprendre des métiers de sorte à gagner de l'argent par eux-mêmes?*

6. *La Bible dit de: «... mettre votre honneur à vivre tranquilles, à vous occuper de vos propres affaires, et à travailler de vos mains, comme nous vous l'avons recommandé en sorte que vous vous conduisiez honnêtement envers ceux du dehors, et que vous n'ayez besoin de personne ». 1 Thessaloniciens 4.11-12. Que nous enseigne Dieu dans ce passage ?*

CHAPITRE 13

La planification familiale

Cet après-midi-là, le pasteur et Moïse s'assirent en cercle avec un groupe de gens sous le manguier dans la cour d'entrée du pasteur Simon. Robert, David, Yvonne et Rebecca étaient là et Virginie leur servit du thé.

Toutes choses interagissent dans la vie

Le pasteur Simon regarda Moïse et commença à parler : « Moïse, nous les africains savons que chaque chose que nous faisons affecte toute autre chose dans nos vies. C'est comme ça que Dieu a fait la vie. Ce que nous croyons affecte ce que nous faisons. La façon dont nous utilisons notre terre affecte la quantité de nourriture que nous en tirons. La quantité de nourriture que nous en tirons affecte nos familles. Et la façon dont nous élevons nos familles affecte la nourriture, la terre et toute autre chose.

« Tu as dit ce matin que le village de Malenga s'agrandit. Vous avez de plus en plus de personnes, mais la terre que vous avez reste la même. Tu as alors demandé comment avoir assez de terre et de nourriture pour tous les gens de Malenga avec la même superficie de terre. »

« Oui, Pasteur, c'est vrai. En tant que chef, je ne sais pas quoi faire. »

« Moise, parlons d'abord de Dieu. Avant que Dieu ait crée les cieux et la terre, je crois qu'il avait fait beaucoup de planification. Il a pensé à ce qu'il voulait créer. Il a décidé quelle serait la dimension de la terre et les différentes sortes de plantes et d'animaux qu'il créerait. Il a pensé ensuite à comment il nous créerait nous les hommes et femmes pour travailler avec lui.

Dieu est un Dieu qui planifie.

« Rappelez-vous que Dieu nous a créé à son image. Cela veut dire que nous sommes comme Dieu qui planifie à l'avance. Si nous voulons avoir une vie abondante, nous devons planifier la vie à l'avance comme Dieu l'a fait. Nous devons également planifier nos vies et nos familles. C'est de cette façon seulement que nous pouvons avoir cette vie abondante que Jésus veut que nous ayons. »

« Parles-tu de la planification familiale ? demanda Moïse. Je n'aime pas y penser. Les gens qui parlent de la sorte disent que nous devrions arrêter les naissances. Ces gens-là ne nous aident pas du tout. »

Une famille qui n'a fait aucune planification

Planifier notre famille

Le pasteur Simon et les autres se mirent à rire. « Moïse, dit le pasteur, planifier nos familles est beaucoup plus que juste le nombre d'enfants que nous avons. Cela veut dire que nous devons réfléchir attentivement à tous les aspects de la vie de notre famille. Virginie et moi avions discuté de combien d'enfants nous pourrions bien élever. Nous avons prié pour demander à Dieu de nous donner sa sagesse pour notre famille. »

Moïse était étonné. « Pasteur, nous les hommes africains ne parlons jamais avec nos femmes de la sexualité ou du nombre d'enfants que nous devrions avoir. Nous les mettons juste au monde. C'est Dieu qui nous les donne. Pourquoi devrions-nous alors prier pour ça ? »

Combien d'enfants peuvent vivre confortablement dans votre famille ?

Tout le groupe éclata de rire, et Robert dit : « Moïse, cette chaise sur laquelle tu es assis est bonne. Elle te soutient bien. Mais si nous y mettons trois gros hommes, qu'est ce qui arrivera à la chaise ? »

« Elle casserait. »

« Certainement, convint Robert. La personne qui a fabriqué cette chaise l'a fabriquée pour juste une personne. Les pieds et le siège conviennent à une seule personne et non à trois.

« Cette chaise est comme ma famille. Ma femme et moi sommes forts. J'ai un salaire assez bon en tant que directeur d'école. Mais je ne suis pas riche. Je sais que mon salaire, notre santé et notre force sont suffisants pour nous permettre de bien élever quatre enfants. Mais si nous avions dix enfants, notre famille aurait eu une très mauvaise santé et nos enfants seraient malheureux. Donc nous devons en discuter et demander la sagesse de Dieu pour savoir quelle taille notre famille devrait avoir. »

Le pasteur Simon sourit et ajouta : « Je savais qu'en tant que pasteur, je ne gagnerais pas beaucoup d'argent. Nous savions également qu'élever chaque enfant coûterait de l'argent. Nous avons décidé alors d'avoir seulement trois enfants. Ils ont grandi et se portent maintenant bien. Nous avons même été en mesure de supporter les études de mon neveu Jean. Dieu nous a aidés, parce que nous avons planifié notre famille avec lui. »

Virginie sourit et dit : « Nous avons aussi aidé nos enfants à planifier leurs vies. Nous avons beaucoup discuté avec eux de ce que Dieu veut que chacun d'eux fasse. Notre fils aîné, Paul, étudie actuellement pour devenir pasteur. Il veut être comme son père. Elle sourit fièrement. Et il s'en sort très bien.

« Notre fille Catherine étudie pour devenir infirmière. A ce point, Yvonne applaudit et sourit. Et notre fils cadet veut être enseignant. Ce fut le tour de Robert de sourire et d'applaudir.

« Qui prendra soin de vos champs lorsque vous deviendrez vieux ? » demanda Moïse.

Le pasteur Simon répondit : « Nous ne le savons pas encore. Si

Paul décide de venir ici comme pasteur, il s'occupera des champs avec sa famille. Si quelqu'un d'autre vient comme pasteur, il pourrait vouloir acheter nos champs. Nous laissons ceci entre les mains de Dieu. »

David prit la parole et demanda : « Moïse, combien d'enfants avez-vous ? »

Moïse dit: « J'en ai onze. »

Rebecca fronça les sourcils et dit : « Oh ! Moïse, ta femme a dû beaucoup souffrir! »

Moise fronça les sourcils. « Peut-être, mais c'est Dieu lui-même qui a dit que les femmes souffriraient ».

Yvonne demanda : « Quel âge ont-ils ? »

Moïse répondit : « L'aîné a dix-sept ans. Il vient juste de commencer l'école secondaire. Le plus petit est né l'année dernière. »

David dit : « Moïse, Dieu dit aussi que nous pères sommes responsables de nos familles. Ainsi, qu'est-ce que tous vos onze enfants deviendront ? »

« Je n'en ai aucune idée, répondit Moïse. Nous n'en avons pas encore parlé. »

Si nous avons beaucoup d'enfants, que pouvons-nous faire ?

Le pasteur Simon prit encore la parole: « Moïse, dans le passé nos familles voulaient avoir beaucoup d'enfants pour aider à produire des vivres au champ ou pour élever le bétail. Mais les champs sont devenus très petits et ne peuvent pas supporter beaucoup d'enfants. Pour chaque enfant, nous avons maintenant besoin de beaucoup d'argent pour leur acheter des vêtements, les envoyer à l'école et pour leur acheter des médicaments lorsqu'ils tombent malades. C'est pourquoi il est important pour nous africains de planifier notre famille. C'est parfois difficile pour nous africains de le faire, mais Dieu veut que nous le fassions. Il a planifié chaque aspect de la vie humaine jusqu'à la fin. Nous devons faire de même avec nos vies. Nous devons aider nos enfants à faire de même. »

« Que veux-tu dire ? » demanda Moïse.

« Discutez avec chacun de vos enfants de leur avenir. Qu'est-ce qu'ils aimeraient faire ? Nous allons vous aider à voir comment vous pourriez rendre le sol de vos champs fertile. Il produira alors beaucoup plus de vivres. Si tu es en mesure de produire plus de vivres qu'il n'en faut pour ta famille, tu peux vendre des productions agricoles telles que le mil, les arachides et le manioc pour gagner de l'argent. Peut-être que l'un de vos fils verra qu'il pourrait bien gagner sa vie en restant à Malenga et faire l'agriculture comme toi.

« Parle à tes autres enfants de ce dont nous avons discuté ce matin. Il se peut que certains veuillent aller à l'école, ajouta Robert. Il se peut que d'autres veuillent apprendre un métier. Ils peuvent ainsi apprendre comment bien gagner sa vie à Malenga même. »

Virginie dit : «Tu vois, Moïse. Dieu nous a donné de la sagesse. Dieu veut que nous utilisions notre raisonnement pour penser à nos vies. Dieu peut nous donner sa sagesse si nous lui en demandons quand nous pensons à nos vies. Nous devons regarder notre vie entière et voir comment tout est lié. Nous devons aussi penser aux années à venir. Nous devons aider chacun de nos enfants à planifier leur avenir. »

Moïse se gratta la tête. « C'est difficile à faire », dit-il.

Le pasteur Simon prit la parole: « Moïse, te rappelles-tu l'histoire de Joseph dans l'Ancien Testament. Dieu a envoyé un rêve au roi d'Egypte, dans lequel il a vu sept vaches grasses et sept vaches maigres qui ont mangé les sept vaches grasses. Le roi ne connaissait pas la signification du rêve. Il a appris qu'un jeune homme hébreu nommé Joseph pouvait interpréter les rêves. Il a fait venir Joseph. Joseph a prié et a demandé à Dieu la sagesse. Dieu lui a montré la signification du rêve. Robert, continue le reste de l'histoire. »

Robert continua l'histoire. « Joseph a expliqué que sept bonnes années allaient venir. Les champs allaient produire des récoltes abondantes. Mais ensuite, sept années de famine allaient venir durant lesquelles il n'allait y avoir aucune récolte. Pour sauver son peuple, le roi devait construire de grandes granges pour stocker beaucoup de céréales durant les sept années suivantes. Ces céréales allaient servir à nourrir le peuple durant les sept années de famine. Le roi était très impressionné par la sagesse de Joseph. Il l'a établi sur tout son royaume pour construire des granges et stocker des céréales. Joseph a fait cela et a sauvé le peuple d'Egypte. Il a également sauvé sa propre famille, les fils de Jacob, ou Israël. Grâce à une bonne planification, tout le peuple a été sauvé. »

Moïse secoua la tête et fronça le sourcil. « Oui, je connaît cette histoire, mais je n'ai pas la sagesse de Joseph. »

Le groupe éclata de rire et David dit : « Moïse, d'où Joseph a-t-il reçu sa sagesse ? »

Moïse répondit : « Je pense qu'il l'a reçu de Dieu. »

« Ne peux-tu pas également obtenir de la sagesse de Dieu ? »

demanda David.

Comment pouvons-nous obtenir de la sagesse de Dieu ?

Moïse soupira profondément et dit : « Oui, je le crois bien, mais j'ai besoin d'aide. Et mes gens aussi. »

Le pasteur sourit et dit : « Moïse, Dieu est toujours prêt et veut nous accorder de la sagesse si nous la lui demandons. » Il lut dans l'épitre de Jacques :

> *Si quelqu'un d'entre vous manque de sagesse, qu'il la demande à Dieu, qui donne à tous simplement et sans reproche, et elle lui sera donnée. Jacques 1.5 LSG*

Robert dit : « Moïse, tu peux prier et demander de la sagesse à Dieu. Tu as également une Bible. La Bible nous donne beaucoup de sagesse sur beaucoup de choses, même concernant notre terre et comment nous en occuper. La Bible nous enseigne également beaucoup de choses sur comment prendre soin de nos familles et de nos enfants. La Bible parle même beaucoup de l'argent et comment bien le gérer. »

Planifier pour la communauté

Le pasteur Simon ajouta : « Moïse, tu es le chef de Malenga. Tu devrais étudier l'ensemble du village et réfléchir à ces choses :

- Combien de familles y-a-t-il à Malenga ?
- Quelle est la superficie de notre village ?
- Combien d'acres (hectares)?
- Combien d'acres y-a-t-il pour chaque famille ?
- Y-a-t-il assez de terre pour nourrir toute la population ?

« Une fois que tu connais ces choses, assieds-toi avec tes notables. Analysez ces informations. Discutez ensemble de ce que vous devez faire pour que la terre produise assez de vivres pour tout le monde. Discutez également de ce que les enfants de toutes vos familles peuvent faire. Dis-leur ce dont nous avons discuté ici ce matin. Explique-leur les différentes manières de gagner de l'argent pour gagner bien sa vie. Aide-les à comprendre que c'est là la manière de Dieu. Dieu planifie, et c'est ce que nous devrions faire également.

« Nous serons heureux de vous aider. Nous sommes des voisins et Dieu a dit que nous devons aimer nos prochains comme nous-mêmes et les aider de toutes les manières dont nous pouvons. »

Moïse sourit et dit : « Pasteur Simon, je peux voir que toi et tes gens d'ici à Katindi êtes le peuple de Dieu. Il vous a beaucoup aidé. Il vous a aussi montré comment être aimable envers les autres. Nous apprécierons toute aide que vous pourrez nous apporter. »

Moïse posa ensuite une autre question : « Pasteur, vous m'avez dit l'autre jour qu'ici à Katindi les racines des arbres que vous aviez coupés étaient encore en vie. Vous laissez certains d'entre eux pousser et redevenir des arbres. Cependant, dans nos champs, nous avons coupé nos arbres il y a plusieurs années de cela. Je pense que les vieilles racines sont mortes. Que pouvons-nous faire ? »

Le pasteur Simon reconnut que très probablement les racines de ces anciens arbres n'étaient plus vivantes. Donc elles ne pouvaient pas faire pousser de nouveaux arbres. Il proposa que l'on discute de ce problème le soir après le dîner.

Le groupe passa un petit moment en prière, remerciant Dieu pour les avoir aidé à aborder ces choses ensemble et pour avoir mis des pensées de sagesse dans leurs esprits.

Questions d'étude

1. *Jésus a dit « ... lequel de vous, s'il veut bâtir une tour, ne s'assied d'abord pour calculer la dépense et voir s'il a de quoi la terminer, de peur qu'après avoir posé les fondements, il ne puisse l'achever, et que tous ceux qui le verront ne se mettent à le railler... » Luc 14.28-29 LSG*

   Comment cet enseignement de Jésus s'applique-t-il à la construction de nos familles ?

2. *Lorsque la population s'accroit mais que la terre reste la même, que devons-nous faire ?*
3. *Comment Dieu peut-il nous aider à réfléchir sur les années à venir et planifier nos familles et notre terre ?*
4. *Comment pouvons-nous faire des planifications pour toute la communauté de sorte que la vie puisse être plus abondante ?*

CHAPITRE 14

Le moringa, l'arbre miracle

Les femmes étaient en train de tenir leur réunion mensuelle à la maison du pasteur Simon. Virginie, la femme de Simon, leur servit du thé. Elle mit sur la table une assiette de craquelins ainsi qu'un bol de pâte à enduire sur les craquelins. Yvonne se servit de la pâte, l'enduisit sur un biscuit salé et commença à manger.

« Virginie, dit-elle, cette pâte est délicieuse. Peux-tu nous en parler? »

Virginie sourit et dit à toutes les dames: « Servez-vous s'il vous plait, aux biscuits et à la pâte. Pendant que vous mangez et buvez du thé, je vous parlerez d'un merveilleux nouvel arbre que nous avons planté dans notre cour ».

« L'arbre miracle »

Quand les femmes furent assises à grignoter les craquelins, Virginie commença à parler : « Il y a deux ans de cela, mon mari est allé à la capitale pour une conférence de l'église. Il a durant la conférence fait la connaissance d'un merveilleux nouvel arbre appelé 'Arbre Miracle'. Son vrai nom est 'moringa'. Il a en revenant apporté des graines que nous avons semées dans notre cour. Ce sont ces arbres que vous voyez là-bas ».

« Pourquoi l'appelez-vous arbre miracle?» demanda l'une des dames.

Virginie répondit : « C'est parce que ses feuilles contiennent beaucoup de protéines. Elles contiennent également des vitamines et des minéraux qui nous donnent la santé. Quand tu consommes les feuilles de moringa, tu reçois beaucoup de protéines. Lorsqu'on le donne régulièrement aux enfants malnutris, ils retrouvent rapidement leur bonne santé. Cela ressemble à un miracle quand on les voit devenir plus solides en quelques jours seulement ».

Consommation les feuilles de moringa

« Vous consommez les feuilles de ces arbres ? » demanda Yvonne.

« Oui, répondit Virginie. Nous en consommons presque chaque jour ».

« Comment les préparez-vous ? » demanda Yvonne.

Virginie sourit et dit : « Vous êtes présentement en train de consommer les feuilles du moringa ».

« C'est vrai ? » s'exclamèrent les dames.

« Oui, je mélange de la poudre de feuilles de moringa avec de la pâte d'arachide, dans la pâte que vous avez enduite sur vos craquelins. Si vous mangez beaucoup de craquelins avec cette pâte, oh mon Dieu, vous vous sentirez plus fortes et en meilleure santé! ».

Les femmes éclatèrent de rire et s'exclamèrent qu'elles n'avaient jamais entendu parler d'une telle chose. Elles voulaient en savoir davantage. Virginie leur expliqua alors comment consommer les feuilles de ce merveilleux arbre.

La préparation des feuilles de moringa pour la consommation

« Premièrement, dit-elle, cueillez les nouvelles feuilles vertes et tendres au bout des branches. Venez ici, je vais vous les montrer ». Elle les amena à l'endroit où se trouvaient les plantes de moringa.

Elle commença à enlever les feuilles tendres des bouts de quelques branches inférieures.

« Remplissez un petit panier de feuilles. Etalez-les dehors sur une étoffe ou une table pour les sécher. Séchez-les à l'ombre, et non directement sous les rayons du soleil. Si vous les mettez directement sous les rayons du soleil, les feuilles perdront certaines de leurs vitamines. Séchez-les donc à l'ombre. C'est après un ou deux jours que les feuilles deviennent sèches et cassantes. La durée de séchage est d'un jour pendant la saison sèche et de deux ou même trois pendant la saison humide ».

Une plante de moringa avec des gousses de graines. La cueillette des feuilles d'une branche de moringa. Une poignée de feuilles de moringa.

« Et qu'est-ce que tu fais ensuite ? » demanda l'une des femmes.

« Lorsqu'elles sont sèches, vous les mettez dans un mortier pour les piler. Enlevez les tiges dures et passez la poudre au travers d'un tamis ou d'un grillage fin. C'est la poudre des feuilles que vous consommez.

« Vous pouvez les mélanger directement avec de la farine de maïs, de mil, de sorgho ou de manioc. En faisant ainsi, cela ajoute une merveilleuse protéine à l'aliment de base qu'est le maïs, le mil ou autres pâtes que vous consommez. Ou encore, vous pouvez ajouter les feuilles pillées à la sauce de légumes ou de viande que vous servez avec l'aliment de base. Dans tous les deux cas, vous obtiendrez beaucoup de protéines. Comme vous pouvez le constater, je mélange la poudre de feuilles de moringa avec la pâte d'arachides pour faire une pâte que vous enduisez sur les craquelins. Egalement, si vous pouvez en trouvez, vous pourriez utiliser de la crème de fromage au lieu de la pâte d'arachide.

Les feuilles de moringa – une protéine complète

Yvonne prit la parole: « Cela parait intéressant. Mais, la protéine des feuilles vertes ainsi que celle des céréales, et même celle des légumineuses telles que le haricot et les arachides, n'est pas une protéine complète. Est-il nécessaire d'ajouter une autre source végétale de protéine à la poudre de feuilles de moringa ? »

« En fait, non. Ce n'est pas nécessaire de faire cela, répondit Virginie. La feuille de moringa contient les neufs acides aminés nécessaires pour constituer une protéine complète. C'est pourquoi nous l'appelons 'l'arbre miracle'. Les feuilles de moringa sont aussi nutritives que la viande, les œufs ou le lait et sont très faciles à digérer. Elles donnent une protéine complète. Il n'est pas nécessaire de mélanger la poudre des feuilles de moringa avec d'autres sources de protéines végétales

« Les feuilles de moringa contiennent également beaucoup de vitamines, surtout les vitamines A et C. Elles contiennent également des minéraux tels que le fer et le calcium pour fortifier le sang et les os ».

Les feuilles de moringa – sans danger et nutritives

Marie, une jeune femme dit : « Comme tu peux le constater, je suis enceinte. Puis-je consommer les feuilles de moringa ? ».

« Oui, vraiment, répondit Virginie. Une infirmière a expliqué cela à cette conférence des pasteurs. Elle a dit que c'est une excellente protéine pour les mères enceintes ainsi que pour les petits enfants. C'est vraiment sans danger. Les feuilles ne contiennent rien qui puisse te nuire ou nuire à ton bébé. Elles contiennent aussi beaucoup de vitamines et de minéraux qui te donnent de la force. Si tu prends par jour jusqu'à six bonnes cuillerées à soupe de poudre de feuilles de moringa, cela te fortifiera. Deux bonnes cuillerées à soupe de poudre de feuilles chaque jour aideront ton bébé à bien grandir ».

Elle continua : « Voici une autre façon dont vous pouvez vous servir des feuilles. Prenez deux tasses de feuilles fraîches et faites-les cuire à la vapeur dans une tasse d'eau pendant quelques minutes. Ajoutez-y un peu d'oignons et de sel. Cela est comme de l'épinard et il a vraiment un bon goût. Il contient beaucoup de vitamines et de minéraux qui peuvent vous garder en bonne santé. Vous pouvez directement en donner à vos jeunes enfants ».

Louise demanda : « Ma plus jeune fille a juste un an. Peut-elle consommer les feuilles de moringa ? ».

« Oui, répondit Virginie. Tu peux bouillir les feuilles comme je viens de le dire. Ou encore, tu peux faire une bouillie de poudre de feuilles de moringa avec de la farine de maïs, de mil ou même de manioc. Ce sera alors riche en protéine. C'est une excellente nourriture pour ta fille. Trois bonnes cuillerées à soupe de poudre de feuilles de moringa chaque jour aideront ta fille à grandir en bonne santé et la rendront forte ».

« Cela semble merveilleux, dit Alice. J'ai sept petits-fils et nous sommes très pauvres. De ce que j'ai compris, les feuilles de moringa sont une bonne source de protéine gratuite. Elles ne coûtent rien ».

« Exactement, répondit Virginie. Vous pouvez aussi consommer les gousses et les graines quand elles sont encore très jeunes ou tendres. Coupez-les en petits morceaux et faites-les bouillir dans de l'eau pendant dix minutes. Ajoutez-y de l'oignon et du sel. Le goût est très bon et elles sont aussi bonnes pour vous. Vous pouvez les préparer aussi avec du riz. C'est un repas délicieux. Vous pouvez également rôtir les gousses sur du feu ou les frire à huile ».

Elle poursuivit: « Vous pouvez aussi faire du thé à partir des fleurs de moringa. Faites-les bouillir dans de l'eau pendant quelques minutes. Ajoutez-y du sucre et buvez-le comme du thé ».

Les femmes en discutèrent pendant un certain moment. Elles étaient très impressionnées de découvrir que l'arbre qui poussait déjà bien dans leur milieu pouvait leur offrir autant d'aliments.

Virginie continua : « Vous pouvez toutes planter le moringa et avoir une source merveilleuse de protéine dans vos propres cours. Si vous avez dix pieds de moringa, vous aurez toujours assez de feuilles pour fournir beaucoup de protéines à votre famille entière ».

« Dis-nous comment planter le moringa, » dirent plusieurs femmes.

La culture du moringa

« C'est vraiment assez facile, répondit Virginie. Vous devez savoir comment le planter correctement pour qu'il continue de fournir des feuilles ».

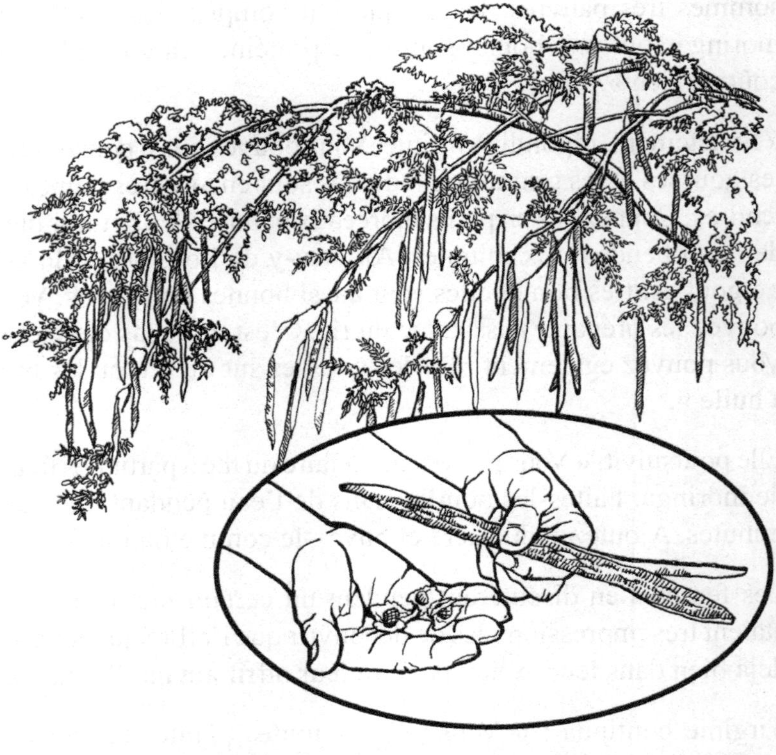

Branche d'un pied de moringa avec une gousse pleine de graines. Une gousse et des graines.

Elle les conduisit vers un arbre qui portait beaucoup de gousses et de graines. Elle enleva quelques gousses sèches pour les leur montrer. Elle ouvrit une gousse et leur montra les graines à l'intérieur.

« Vous pouvez semer ces graines dans une pépinière, dit-elle. Vous pouvez aussi les semer directement dans le sol à l'endroit où vous voulez les faire croître. C'est d'ailleurs mieux, car il ne sera plus alors nécessaire de les repiquer ».

Elle leur montra une rangée de pieds de moringa le long d'un côté de leur cour. Il y en avait quinze pieds dans cette rangée, et ils étaient séparés les uns des autres d'un intervalle de 6 pieds (deux mètres).

« Premièrement, au moyen de votre houe, ameublissez la terre là où vous voulez semer les graines. Elles devront être à un intervalle de 6 pieds (deux mètres). Semez trois à quatre graines à chaque endroit. Mettez les graines dans de petits trous d'environ 2 pouces (5 cm) de profondeur et couvrez-les bien. Vous pouvez les rapprocher davantage si vous voulez en faire une clôture vivante pour empêcher les animaux d'entrer.

« Si c'est pendant la saison des pluies, ou si vous arrosez les graines régulièrement, une ou deux semaines suffisent pour que les graines germent. Si trois ou quatre graines poussent à un même endroit, arrachez-les et laissez un seul pied. Choisissez celui qui paraît très sain et robuste. De cette façon un seul pied peut bien croître. Mon mari est là. Il peut vous dire comment bien faire croître les plantes ».

La culture du moringa à partir des boutures

Le pasteur Simon se joignit au groupe. Il venait juste de manger quelques craquelins avec de la pâte de moringa et d'arachide. Il demanda aux dames si elles avaient aimé la pâte. Elles sourirent et dirent : « Oui, beaucoup. Nous apprenons maintenant comment planter cet arbre dans nos cours ».

« Vous pouvez aussi planter le moringa à partir des boutures, dit le pasteur. « Pour ce faire, creusez un trou de trois pied (un mètre) de profondeur et de largeur. Mettez-y de la bonne terre mélangé avec du compost ou du fumier. Tassez suffisamment et versez-y beaucoup d'eau.

« Coupez une branche en bon état d'un an d'une plante de

moringa. Enfoncez la partie coupée dans le sol. Elevez un peu la terre autour de la bouture. Continuez à l'arroser deux fois par semaine sauf s'il pleut. Faites cela jusqu'à ce que la bouture pousse bien et produise des branches ».

Emondez les plantes

« Les plantes poussent très vite et deviennent grandes, dit le pasteur. Cependant, vous ne pouvez pas laisser la plupart des plantes devenir très grandes. Car alors, vous ne pourrez pas atteindre les feuilles. C'est pourquoi, lorsqu'elles atteignent votre taille, coupez l'extrémité de chacune d'entre elles. Et vous verrez bientôt des branches pousser sur les côtés du tronc. Cela est une bonne chose, car ce sont ces branches qui vous fourniront les feuilles.

« A mesure que les plantes continuent à grandir, continuez à couper les extrémités. Les plantes devraient avoir une hauteur de six pieds (deux mètres). Ainsi elles auront beaucoup de branches. Laissez cependant une ou deux plantes grandir bien haut. Elles vous produiront beaucoup de gousses de graines ».

« Coupez régulièrement les extrémités des branches, ajouta-t-il. Elles repousseront rapidement et continueront à produire des feuilles tendres pour votre consommation ».

« L'arbre du moringa peut pousser à différents endroits. L'arbre pousse bien dans un climat chaud et ensoleillé. Il peut aussi bien pousser à des endroits un peu secs et là où il y a beaucoup de pluies. Cependant, il ne se développera pas bien si le sol est très mouillé, ou s'il est marécageux. La plante de moringa aime le sol très sablonneux, mais il se développera également bien dans un sol très argileux à condition que celui-ci ne reste pas trop mouillé. Ainsi, c'est un arbre qui peut pousser à plusieurs endroits.

« Si la saison sèche est longue, de 6 mois par exemple, les feuilles peuvent tomber et vous n'en aurez pas pour votre consommation. Dans ce cas, arrosez fréquemment les arbres pour les aider à rester verts et produire des feuilles à tout moment ».

Deux sortes de plantes de moringa

« Pasteur, demanda l'une des femmes, ma famille habite dans les montagnes. Le moringa pourra-t-il bien y pousser ? »

« Il y a deux sortes de plantes de moringa. Le premier type que vous voyez ici dans notre cour est appelé Moringa oliefera. Il pousse partout dans cette région. Cependant, il ne se développe pas bien dans les montagnes, à une certaine altitude. L'autre type, le Moringa stenopetala, pousse mieux là-bas. Il ressemble beaucoup à celui-ci mais il est mieux adapté aux zones de haute altitude. Pour ce type de moringa, ta famille peut facilement en obtenir des graines auprès des services forestiers, à un centre agricole ou dans un magasin ».

« Les feuilles sont-elles aussi bonnes que celles-ci ? »

« Oh oui ! répondit le Pasteur. On plante ce type de moringa exactement comme on plante le type que nous avons ici. On utilise ses feuilles de la même façon que celles d'ici. Les feuilles sont assez larges, tandis que celles du moringa oliefera sont un peu plus petites ».

Anne prit la parole : « Pasteur, comme tu le sais, David et moi habitons dans une ferme. Nous avons des chèvres, des moutons, et nous élevons aussi des lapins. Les feuilles sont-elles également bonnes pour les animaux ? »

« Oui, vraiment bonnes, répondit le pasteur. Si vous plantez beaucoup d'arbres de moringa, vous pouvez utiliser les feuilles ou les branches pour nourrir vos animaux et en avoir suffisamment pour vous-même ».

La préoccupation de Dieu pour notre nourriture

Les femmes continuèrent leur réunion. Elles étaient en train d'étudier comment Dieu nous a donné les plantes et les arbres comme nourriture. Virginie lut un verset, Psaumes 104.14 : 'Il fait germer l'herbe pour le bétail, Et les plantes pour les besoins de l'homme, Afin que la terre produise de la nourriture…'

Elles se tournèrent vers le pasteur et lui demandèrent : « Nos ancêtres avaient-ils cet arbre ? »

« Oui, répondit-il. Cet arbre a toujours existé ici et nos ancêtres l'ont toujours connu. Cependant, ils ne savaient pas que ces feuilles étaient pleines de protéines et bonnes à manger. C'est pourquoi, ils ne l'ont pas utilisé comme nous le faisons maintenant ».

« N'est-ce pas merveilleux ce que nous venons de découvrir ? s'exclama Yvonne. La connaissance ainsi que l'intelligence que Dieu nous a données nous aident de plusieurs façons ».

Virginie prit la parole : « Voici un petit livre que mon mari a ramené de la conférence. Il donne plus de détails sur la culture du moringa. Voici un autre qui parle de l'utilisation des feuilles de moringa. Il contient beaucoup de recettes à base de la poudre de feuilles de moringa. Si nous l'utilisons pour les différents aliments, nos enfants vont bien en consommer».

Lorsque la réunion prit fin, elles prièrent pour remercier Dieu pour tout ce qu'il nous donne pour améliorer nos vies. Elles le remercièrent aussi pour l'intelligence qu'il nous donne pour nous aider à découvrir les meilleures façons de vivre et de faire bon usage des plantes et des arbres qu'il nous a donnés.

Questions d'étude

1. *Quelles sont les règles à suivre pour planter le moringa là où vous êtes afin qu'il produise des feuilles pour votre consommation ?*

2. *Quelles sont les différentes façons dont on peut préparer les feuilles de moringa pour la consommation?*

3. *Comment les feuilles de moringa aident-elles les enfants ou les adultes qui n'ont pas une bonne nutrition à acquérir une bonne santé et à devenir forts ?*

4. *Comment l'église peut-elle aider à propager la connaissance sur cet ' arbre miracle' auprès des gens de notre communauté ainsi qu'auprès d'autres communautés ?*

5. *Nous voyons dans Genèse 3 qu'après la désobéissance d'Adam et Eve à Dieu, la culture de vivres est devenue difficile. Qu'est-ce qui explique cela?*

6. *Dans Lévitique 26.1 – 13, nous voyons comment Dieu peut nous aider à produire assez de vivres. Etudiez soigneusement ce passage. Comment s'applique-t-il à nous aujourd'hui ?*

   ** Des bons livres concernant le moringa et comment l'utiliser sont disponibles au service forestier ou dans les écoles et centres agricoles.*

CHAPITRE 15

Planter de nouveaux arbres pour la forêt

Le jour de la réunion sur la plantation d'arbres dans le but de reconstituer la forêt arriva. Une forte pluie tomba durant la nuit et était encore en train de tomber doucement très tôt le matin pendant que le pasteur Simon et Virginie prenaient leur petit déjeuner. Le Pasteur exprima sa joie à propos des leçons qu'ils avaient apprises sur la plantation d'arbres et sur comment arrêter l'érosion. Robert, Jean et quelques autres personnes les rejoignirent. Ils burent du thé ensemble et attendirent l'arrivée de ceux des autres communautés pour la rencontre.

Les avantages de la forêt

Vers 10 heures, un grand groupe s'était rassemblé dans le bâtiment de l'église. Ils déplacèrent les bancs de bois, de sorte à pouvoir tous s'asseoir en cercle. Le pasteur Simon leur souhaita la bienvenue et ouvrit la réunion par une prière. Ensuite il dit : « De merveilleuses forêts couvraient la grande partie de notre terre. Elles offraient beaucoup d'avantages à nos ancêtres. Les jeunes gens et surtout ceux qui ont grandi dans les grandes villes, ont oublié l'importance que la forêt a pour nous.

La forêt nous fournissait beaucoup d'aliments – beaucoup d'animaux, de fruits, de noix, ainsi que de petites plantes telles que les champignons et les herbes. Nous n'en voyons plus aujourd'hui.

« Les forêts étaient de bons endroits à visiter – frais, beaucoup d'ombres, des arbres magnifiques et beaucoup de façons de voir les œuvres majestueuses de la création de Dieu. Lorsque j'étais petit garçon, je passais des heures dans la forêt. C'était un merveilleux endroit pour prier et parler avec Dieu. Je me rappelais les paroles dans Isaïe où Dieu dit:

> *' Oui, vous sortirez avec joie, et vous serez conduits en paix , Les montagnes et les collines éclateront d'allégresse devant vous, et tous les arbres de la campagne battront des mains' Esaïe 55.12 LSG*

« Mais maintenant, les montagnes et les collines sont nues. Aucun arbre n'est là pour battre des mains. C'est triste ».

Robert dit : « Les forêts étaient une source de richesses pour nos ancêtres. Des poteaux pour construire des maisons, du bois pour fabriquer des meubles et d'autres choses, toutes sortes de

Quelques-uns des avantages de la forêt: de la nourriture, du bois de chauffe et des matériaux de construction.

plantes rampantes pour fabriquer des paniers, des cordes et des cordons et pour faire des murs pour nos maisons et des clôtures autour de nos cours. Tout ceci provenait de la forêt. Les grands arbres feuillus étaient très importants pour leur bois, mais ils ont maintenant tous disparu ».

« Oui Robert, c'est vrai, dit le pasteur. De plus, la forêt protégeait nos collines. Vous voyez maintenant beaucoup de ravins causés par les eaux de pluie. Cette érosion détruit les belles collines qui semblent être en train de pleurer. C'est pourquoi nous avons maintenant beaucoup d'inondations dans les vallées. Les inondations étaient rares dans le passé. Nous en avons aujourd'hui parce que la pluie qui tombe sur les montagnes et les collines, descend directement par ces ravins pour se jeter dans les vallées, et cause des inondations ».

Robert ajouta : « Mon grand-père me disait que la forêt nous donnait un bon climat. D'une manière ou d'une autre, il savait qu'un grand nombre d'arbres gardait l'air pur et nous donnait une bonne pluviométrie. Aujourd'hui, notre air est souvent lourd, plein de fumée et difficile à respirer. Il savait aussi que nos sources d'eaux étaient dans la forêt ou à la lisière de la forêt. Ces sources avaient une bonne eau à cause des arbres. Mais de nos jours, beaucoup de sources se sont asséchées parce que les arbres ont disparu ».

Les conséquences de l'abattage de la forêt

« Nous avons abattu la grande partie de la forêt, dit le pasteur Simon. Pour vendre le bois de construction, pour faire du charbon et pour dégager plus de champs en vue de produire des vivres. Cependant, les conséquences ont été mauvaises pour nous ».

« Quelles mauvaises conséquences ont résulté de cela ? » demanda Moïse.

Le pasteur répondit : « Les oiseaux et les animaux sont en train de disparaître. Beaucoup de sources d'eaux ont diminuées ou se sont toutes asséchées. Il est difficile de trouver du bois de chauffe ou des poteaux pour la construction de maisons et de clôtures. Le bois de construction est devenu rare et très cher. Comme l'a dit Robert, l'air est devenu difficile à respirer. La température est souvent très élevée et nous n'avons plus assez de pluies maintenant, moins que ce dont je me souviens quand j'étais encore petit garçon.

Moïse dit : « Nous avons abattu une grande partie de notre forêt pour faire des champs afin de produire des vivres. Nous pensions que la terre de la forêt était bonne. N'est-ce pas vrai?» demanda-t-il.

« C'est ce que nous pensions aussi, dit le pasteur Simon. Nous croyions que la terre dans la forêt était bonne et pouvait nous produire beaucoup d'aliments. En réalité, la terre de la forêt n'est pas bonne, car elle n'est pas profonde. Les minéraux et le compost sont rapidement absorbés par les arbres et les plantes rampantes. Lorsque nous les abattons tous, le soleil brûle rapidement le peu de compost qui est dans la terre ou qui est utilisé par les cultures. Il disparait au bout de deux ans et nous ne pouvons plus produire des aliments à l'endroit où était la forêt. Le sol de la forêt est fragile. Nous devons donc en prendre soin ».

La forêt et la pluie

Robert renchérit : « Les forêts jouent un rôle important en nous apportant de la pluie. Beaucoup d'eau monte au ciel à partir des forêts pour faire tomber de la pluie. L'eau s'évapore par les feuilles. Les forêts absorbent la chaleur du soleil et réchauffent l'air au-dessus d'elles. Cet air chaud entraîne le vent des océans et des lacs qui contient aussi beaucoup de vapeurs pour faire de la pluie. Lorsque la forêt est abattue, il y a moins de vapeurs d'eaux dans le ciel pour provoquer de la pluie. La pluie diminue et souvent, des sécheresses peuvent survenir. Nous devons avoir de la forêt pour avoir des pluies régulières ».

La restauration de la forêt

Le pasteur Simon poursuivit: « Lorsque vous marchez dans une vraie forêt, vous verrez beaucoup de différentes sortes d'arbres qui croissent ensemble. Vous ne trouverez pas seulement un même type d'arbre. Dans beaucoup de projets de reforestation, les gens plantent seulement un même type d'arbre tel que l'acacia ou les pins.

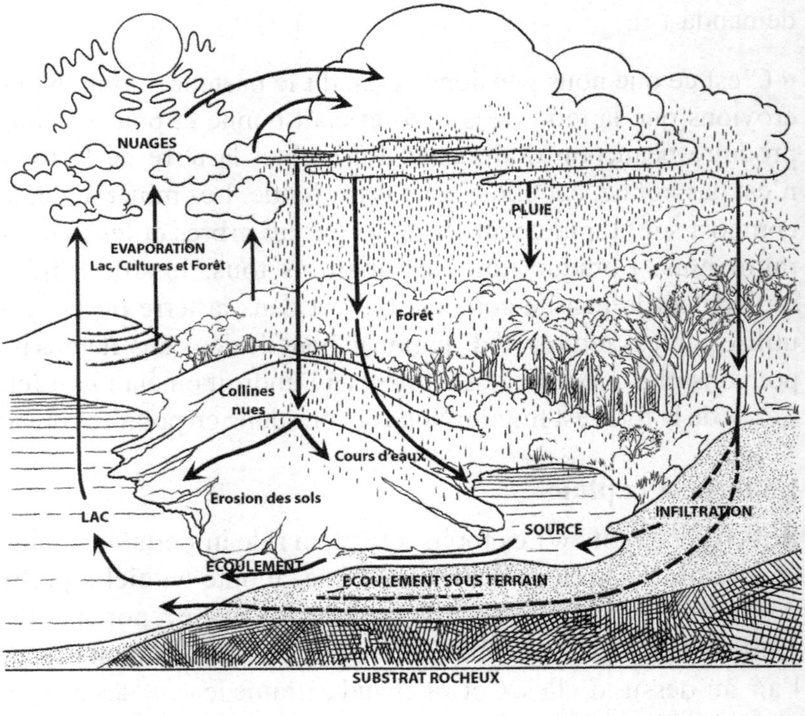

Forè a pèmèt lapli tranpe tou dousman nan tè a ak renouvle sous dlo ak lak olye pou yo kouri wete ti mòn byen vit ak kreye ewozyon.

Cela est utile pour des buts spécifiques tels que la production de bois de chauffe, de charbon ou pour la fabrication du papier. Mais, ce n'est pas bon pour reboiser la forêt.

« A mesure que nous essayons de restaurer la forêt, nous voulons beaucoup de différentes sortes d'arbres pour les y planter. Lorsque différentes sortes d'arbres croissent ensemble, les oiseaux ainsi que les animaux retourneront. Les champignons pousseront et nous aurons différentes sortes d'arbres pour de nombreux usages.

« Comment pouvez-vous planter de nouveaux arbres forestiers ? » demanda Moïse ». Où trouvez-vous des semences pour cela ? »

Le pasteur répondit : « Si vous avez abattu la forêt il y a juste quelques années de cela, les racines de la plupart des arbres coupés seront encore en vie. Si c'est le cas, dites à vos gens que personne ne devrait rien couper, faire un champ ou brûler les endroits où la forêt se trouvait. Vous verrez bientôt des arbres commencer à repousser rapidement. Au bout de dix ans, vous aurez à nouveau une jeune forêt qui deviendra un jour, une forêt comme celle du temps de vos ancêtres ».

Planter des arbres forestiers

Thomas, le chef de la communauté de Nakama dit : « Nous avons abattu nos forêts il y a de nombreuses années de cela. Vont-elles repousser un jour ? »

« Il est peu probable qu'elles repoussent, répondit le pasteur. Si la forêt a été abattue depuis de nombreuses années, les racines de ces vieux arbres sont maintenant mortes. Vous devrez planter de nouveaux arbres. Jean, peux-tu en parler ? »

Jean dit : « Premièrement, vous devez savoir quels types d'arbres peuvent pousser dans votre milieu. Certains de vos anciens peuvent s'en rappeler. En tout cas, il serait mieux de demander à quelqu'un du service forestier ou à notre école agricole de venir à Nakama et voir votre situation. Cela aidera à tester le sol, regarder les collines et les plaines et ensemble, décider quels arbres seront mieux à planter.

« Vous pouvez trouver les graines de plusieurs sortes d'arbres à l'école agricole. Le service forestier peut aussi vous aider. Vous pourrez aussi être à mesure de trouver des graines de quelques arbres dans des magasins qui vendent des matériels agricoles. Ou encore, vous pourrez aller à la forêt et trouver les graines des différentes sortes d'arbres qui s'y trouvent ».

« Comment peut-on recueillir des graines d'arbres dans la forêt ? » demanda Moïse.

Jean dit : « Certains arbres produisent beaucoup de graines et celles-ci sont faciles à recueillir. Premièrement, nettoyez le sol sous l'arbre. Ensuite, cherchez les graines qui viennent juste de tomber et qui sont encore en bon état. Vous pouvez alors secouer l'arbre ou frapper fortement son tronc et voir si beaucoup de graines vont tomber. Si vous pouvez atteindre des branches porteuses de graines, vous pouvez cueillir ces graines ».

« Comment est-ce qu'on les fait pousser? » demanda Moïse.

« Plantez-les dans votre pépinière dans des sacs ou directement dans des lits de germination, répondit Jean. Ce serait un bon projet pour la communauté toute entière. Parlez à vos gens du grand besoin de restaurer une partie de l'ancienne forêt. Faites les commencer une pépinière communautaire où on peut faire pousser des graines d'arbres forestiers. Demandez alors à un expert de venir vous donner des conseils sur les type d'arbres à planter ».

Robert prit la parole: « Vous pouvez aussi trouver de nouveaux petits arbres là où il y a une forêt. Déterrez-les soigneusement. Soyez prudents de sorte à ne pas endommager les racines. Repiquez-les dans votre pépinière et laissez les grandir jusqu'à atteindre une hauteur d'un mètre ou plus ».

« Peut-on couper des branches et les planter ? » demanda Moïse.

« Ah oui ! répondit Jean. Vous pouvez couper de bonnes branches d'arbres forestiers. Elles doivent avoir une épaisseur de 2 à 4 pouces (5 à 10 cm). Assurez-vous de les planter immédiatement dans votre pépinière. Sinon, la sève dans la branche sèchera rapidement et la branche ne tardera pas à mourir. Vous devez donc les arroser fréquemment. Après quelques mois, quand un grand nombre de boutures seront en plein développement, vous pouvez les repiquer à l'endroit réservé à cet effet ».

Le pasteur Simon dit : « Il est bon de planter les types d'arbres qui poussaient dans votre ancienne forêt. Ces arbres sont adaptés à ce milieu. Ils pousseront bien. Si vous essayez de planter les arbres des autres milieux ou même d'autres pays, vous pourriez avoir de mauvais résultats. Il se pourrait que les nouveaux arbres remplacent les arbres locaux et même qu'ils nuisent à l'environnement ».

Jean ajouta : « Rappelez-vous que l'Etat dispose de règlements sur la plantation d'arbres. Tachez de découvrir auprès du service forestier comment nous pouvons apporter notre contribution à cette reforestation. Ils peuvent nous dire quels types d'arbres planter, où les planter et comment le faire ».

Le pasteur Simon se leva et porta les regards sur les terres et les collines au loin. « Mon souhait, dit-t-il, est que chaque famille plante quelques arbres chaque année – des arbres fruitiers, des arbres forestiers, ou des arbres qui permettent à la terre de produire plus de vivres. Si chaque famille et chaque communauté le fait, nous verrons bientôt notre terre restaurée ».

« Où pouvons-nous planter des arbres forestiers ? » demanda Moïse.

Où rétablir la forêt

Le pasteur répondit : « Vous n'aimeriez certainement pas reboiser les champs dont vous avez besoin pour produire de la nourriture. Mais, certaines parties de vos champs ne conviennent pas à l'agriculture. Un bon endroit pour commencer à planter des arbres forestiers, c'est là où les collines sont assez pentues. Ou alors, plantez-les à l'endroit où il y a beaucoup de sol rocailleux et non cultivable ».

Robert dit : « Sur les côtes des collines pentues se trouvent des ravins. Vous pouvez en apercevoir quelques-unes là-bas ». Il pointa du doigt les collines au sud de Katindi. Quelques-unes se trouvent à des endroits où se trouvent de petits cours d'eaux. D'autres sont des ravins causés par l'érosion des eaux de pluies. Ce sont de bons endroits pour planter des arbres forestiers ».

Jean ajouta : « Dans l'ancien temps, une grande partie des terres était couverte de prairie ou de savane. Il ne s'y trouvait pas d'arbres ni de forêt. Ceci parce que l'eau se trouve en profondeur dans le sol, et des arbres ne peuvent pas bien y croître. Il est difficile de planter des arbres forestiers dans ces prairies. Cependant, avec beaucoup d'efforts, vous pouvez y planter des arbres qui sont bons pour le bois de chauffe ou le charbon ».

Le pasteur dit : « Ce que Jean dit est vrai. Cherchez les endroits où se trouvait la forêt. Ces endroits sont excellents pour la reforestation ».

Planter de nouveaux arbres

« Comment pouvons-nous faire cela? » demanda Moïse.

Jean répondit : « Les arbres forestiers poussent lentement à partir des graines ou des boutures. Un arbre forestier peut prendre plusieurs mois pour atteindre la hauteur de 3 pieds (un mètre) ou plus. Ils doivent atteindre cette hauteur avant d'être repiqués. Ainsi ils auront de bonnes racines.

« Quand vous êtes prêts pour le repiquage de jeunes arbres de différentes sortes, trouvez un endroit où vous allez les repiquer.

Plantation d'un jeune arbre forestier

Ce peut être dans une vallée près d'un cours d'eau, ou dans un ravin, sur la colline ou dans un sol rocailleux. Débarrassez l'endroit des broussailles et des mauvaises herbes.

« Creusez de grands trous – d'au moins 2 pieds (60 cm) de profondeur et de largeur. Mettez à part la terre de surface et celle du fond. Assurez-vous qu'il y ait de la place dans les trous, pour permettre aux racines de ces jeunes arbres de bien se développer vers le bas et aussi vers la surface. Si vous pouvez trouver du fumier, mélangez-le avec la terre de la surface. Pour que les arbres poussent bien et deviennent grands, ils doivent avoir un intervalle de 15 à 30 pieds (cinq à dix mètres).

« Arrosez bien les jeunes arbres avant de les repiquer. S'ils sont dans des sacs, amenez les sacs à l'endroit où se trouvent les trous. Si les jeunes arbres ont directement poussé dans la terre de votre pépinière, déterrez les, un à un. Gardez la terre autour des racines pour éviter qu'elle ne tombe. Même si la terre tombe, ne vous en faites pas. Amenez le jeune arbre rapidement près de son trou.

Un jeune arbre forestier protégé avec une clôture contre les animaux

« Placez le jeune arbre dans le trou. Assurez-vous que les racines sont bien allongées et ont beaucoup d'espaces pour s'étendre. Mettez autour des racines la terre de surface mélangée avec du fumier. Remplissez le trou avec le reste de la terre tirée de la profondeur. Tassez bien la terre autour de l'arbre avec les pieds. Veillez à ce que le niveau de la terre soit élevé au tronc du jeune arbre d'où s'étendent les racines.

« La terre dans le trou doit être de niveau un peu inférieur par rapport à la surface. Ainsi, les eaux de pluie vont s'y rassembler pour fournir plus d'humidité aux racines du jeune arbre. Versez un seau d'eau sur le jeune arbre après l'avoir planté. Lorsqu'il n'y a pas de pluie, versez un seau d'eau sur chaque nouvel arbre deux fois par semaine. Faites cela pendant plusieurs mois jusqu'à ce que l'arbre se développe bien ».

Le pasteur Simon ajouta : « Enlevez continuellement les mauvaises herbes tout autour, jusqu'à ce que l'arbre se développe bien. Entassez si possible, les herbes et les feuilles mortes autour du pied de l'arbre pour en faire du compost. Protégez aussi le petit arbre contre les animaux. Construisez si nécessaire, un petit enclos tout autour pour empêcher l'accès des animaux.

« Pensons-y de cette façon:

> *Dans chaque vallée, une petite forêt.*
> *Sur chaque pente raide, des arbres forestiers.*
> *Dans chaque ravin, davantage d'arbres forestiers.*
> *Au bord de chaque endroit aride ou désert,*
> *des arbres pour rendre le désert une fois de plus vert*
> *et productif* ».

Qui bénéficiera de la reforestation ?

« Il y a un problème, dit Moïse. J'avance en âge. Ces arbres poussent lentement. Cela prendra beaucoup d'années avant que nous en profitions. Je ne profiterai jamais de leurs fruits ».

Robert se pencha et sourit. « Moïse, Je vais te dire quelque chose que tu pourrais ne pas vouloir entendre. Mais c'est la vérité. Lorsque les gens de Malenga et toi abattiez l'ancienne forêt, vous n'abattiez pas seulement votre propre forêt. Vous abattiez la forêt de vos petits-enfants. Vous les dérobiez de leur forêt ! ».

« C'est absolument vrai, Moïse, dit le pasteur Simon. Pense donc à tes petits-enfants Ils vont beaucoup profiter de ces arbres ainsi que de la nouvelle forêt. Ils diront : « Nous avions un grand-père sage qui a pensé à nous et a planté ces arbres afin que nous puissions en tirer profit. Nous remercions Dieu pour notre grand-père Moïse ».

Il ajouta ensuite: « Voici une autre chose importante. Nous voulons faire ceci dans le but de restaurer la terre que Dieu nous a donnée. Nous devons ainsi en parler avec Dieu. Demandez à Dieu de vous aider à trouver de bons endroits pour y planter des arbres forestiers. Lorsque vous semez des graines d'arbres dans la pépinière, priez et demandez à Dieu de bien les faire pousser. Lorsque vous les repiquez aux endroits prévus, priez et demandez à Dieu de les protéger et de bien les faire croître. Nous pouvons semer des graines et planter de jeunes arbres, mais seul Dieu peut les faire croître. Nous devons donc faire tout cela tout en priant et en demandant l'aide de Dieu. Si nous travaillons dur avec l'aide de Dieu, les montagnes ainsi que les collines chanteront de nouveau et il y aura beaucoup d'arbres qui battront des mains ».

Impliquer chaque communauté

Le pasteur Simon poursuivit: « J'espère que nous pourrons aider les gens dans beaucoup d'endroits à commencer des pépinières d'arbres. Nous devons encourager chaque église locale à le faire, et à aider ses fidèles à planter de nouveaux arbres. Chaque école primaire et secondaire devrait avoir une pépinière d'arbres. De cette façon, les enfants ainsi que les élèves pourront commencer à apprendre l'importance des arbres fruitiers ainsi que des arbres forestiers, et voir comment prendre soin de la terre que Dieu nous a donnée ».

Robert dit : « J'en discuterai avec les enseignants et les surveillants de l'école lors de leur prochaine réunion ».

Thomas prit la parole : « Tout ceci semble bon. Je pourrai même commencer une petite pépinière chez moi à la maison. Je pourrai ainsi l'enseigner à mes propres enfants. Nous pourrions planter des arbres fruitiers et avoir plus de fruits à manger. Nous pouvons commencer par planter des acacias et des faux mimosas autour de nos champs et jardins. Cela aidera notre famille à produire plus de vivres ».

Jean ajouta : « Essayez d'impliquer la communauté toute entière pour commencer une pépinière communautaire qui aidera tout le monde. Ils pourront ainsi planter des arbres forestiers sur leurs terres inutilisées. Il y aura bientôt beaucoup de forêts en croissance et la terre sera meilleure ».

Le pasteur dit : « Oui, et alors les animaux retourneront dans la forêt. Beaucoup d'oiseaux reviendront. Et les gens pourront alors utiliser le bois et les arbres de la forêt comme combustibles, pour la construction de maisons, la confection de meubles et d'autres choses ».

Moïse dit : « Je vous remercie de m'avoir dit ces choses. Mais vous continuez toujours à mentionner quelque chose d'autre et à dire que nous devons protéger les jeunes arbres contre les animaux. C'est un grand problème dans notre communauté. Les chèvres, les poulets, les cochons et même les vaches circulent partout. Ils pénètrent dans nos jardins et broutent nos légumes. Ils forcent souvent les clôtures de nos champs et mangent nos cultures. Que devons-nous faire pour arrêter cela ? »

Thomas prit aussitôt la parole : « Nous avons aussi ce problème et nous ne savons pas quoi faire. Pasteur Simon, pouvez-vous nous aider ? »

Le pasteur répondit : « Mesdames et messieurs, c'est un problème énorme et très difficile à résoudre. Nous africains avons toujours laissé nos animaux aller où ils veulent pour chercher leur nourriture. Mais la grande partie de la nourriture qu'ils trouvent est notre nourriture. Aussi, à moins que nous apprenions à contrôler nos animaux, nous n'aurons jamais des champs productifs et suffisamment de nourriture ».

Ils acquiescèrent tous et demandèrent : « Que proposes-tu alors? »

Le pasteur Simon répondit : « Je propose que nous ayons une grande réunion pour en parler. Pouvons-nous tous nous rencontrer encore ici dans une semaine à partir du samedi, pour en parler ? »

Après quelques discussions, ils acceptèrent tous de revenir à Katindi pour traiter de ce problème difficile – comment contrôler les animaux.

Le pasteur pria. Il demanda à Dieu, la sagesse et le courage pour replanter la forêt et restaurer les merveilleuses forêts qu'il nous a données. Il dit qu'il serait heureux de les recevoir pour la réunion du samedi suivant. Il leur rappela ensuite l'autre réunion qui aurait lieu dans deux semaines, dans le centre administratif. Ils devraient y rencontrer des responsables gouvernementaux pour parler de comment planter des arbres qui leur serviraient de combustibles.

Questions d'étude

1. *Quelles sont les nombreuses et différentes façons dont la forêt nous aide ?*

2. *De quoi souffrons-nous actuellement qui est due à l'absence de la forêt ?*

3. *Que peut faire chaque famille ou communauté face à cela ?*

4. *Puisque Dieu a planté toutes les forêts du monde, avant même de créer l'homme, pourquoi devrions-nous planter des arbres forestiers maintenant ?*

5. *Comment pouvez-vous ou comment la communauté entière peut-elle commencer une pépinière d'arbres forestiers ?*

6. *Quels sont les endroits proches de votre communauté où vous pouvez planter des arbres forestiers ?*

7. *Si vous faites tout ceci, comment apparaîtront dans vingt ans, les champs et les collines tout autour de vous ?*

8. *Lisez Isaïe 55.8 – 12. Qu'est ce qui se passe lorsque la pluie tombe abondamment ? Pourquoi Dieu compare-t-il la pluie à sa Parole des cieux? Qu'est ce qui se passe lorsque la Parole de Dieu arrive abondamment dans une communauté? Cela contribuera-t-il à avoir plus de vivres ? Comment ?*

CHAPITRE 16

L'Etat, l'Eglise et les arbres

Le pasteur Simon regarda l'enveloppe et fronça les sourcils. C'était une lettre officielle venant du bureau du Commissaire de District. « Que veut-il de moi ? » se demanda-t-il. Il fronça davantage les sourcils à mesure qu'il lisait la lettre.

Cher Pasteur Maluba,

Il a été porté à notre attention que vous et votre église vous êtes engagés dans la promotion de l'agroforesterie. Je viens par la présente note vous informer que cela relève du domaine de l'Etat et non de l'église. Votre rôle est d'encourager les religieux et les activités spirituelles de vos gens. Toutes les activités sociales sont du ressort de l'Etat.

Vous voudrez bien venir expliquer vos activités à une réunion prévue le mercredi matin à dix heures précises, dans le bureau du Commissaire de District.

Très cordialement,

Arthur Kilomono, Commissaire de District

Le pasteur Simon étala la lettre sur sa table et commença à prier. Il parla du problème à Dieu et lui demanda la sagesse quant à comment s'y prendre. Il avait besoin de l'aide de Dieu pour savoir comment expliquer aux agents de l'Etat la profonde préoccupation qu'il avait concernant la terre et la forêt.

Son épouse Virginie entra dans son bureau, et le pasteur Simon lui montra la lettre. Elle lui proposa d'appeler quelques responsables de l'église pour voir ensemble ce qu'il fallait faire à ce sujet.

Cette soirée-là, plusieurs responsables de l'église se réunirent avec le pasteur Simon dans son salon. Il leur lut la lettre du Commissaire de District. Robert fut le premier à réagir.

« Pasteur, je crois que les autorités sont préoccupés par le fait que nous sommes en train de mener des projets d'agroforesterie sans les en avoir informées. Si toutefois nous avions un projet, nous devrions en informer les autorités. Mais nous n'avons mené aucun projet. Nous avons simplement parlé aux gens pour les encourager à mieux prendre soin de la terre».

Ruth convint de cela et ajouta : « Je pense que certains d'entre nous devraient aller à la rencontre du Commissaire de District avec le pasteur Simon. Il ne devrait pas aller seul ». Ils furent tous d'accord et désignèrent Robert et Rebecca pour l'accompagner.

Le mercredi matin, le pasteur Simon, Robert et Rebecca arrivèrent au bureau du Commissaire de District. Le pasteur présenta la lettre à la secrétaire en disant que les deux membres de l'église et lui étaient venus pour rencontrer le Commissaire. La secrétaire leur indiqua la salle de réunion. Quelques minutes plus tard, le Commissaire avec trois de ses assistants entrèrent dans la salle. Ils saluèrent la délégation de l'église et serrèrent la main à chacun.

Le Commissaire débuta la rencontre en remerciant le pasteur et les responsables de son église d'être venus à cette réunion. Il leur lut les responsabilités de l'Etat par rapport à l'agroforesterie. Il leur dit qu'il était très important qu'il y ait une séparation entre les activités de l'Etat et celles de l'église. Il ajouta qu'il attendait de l'église une franche collaboration en la matière. Il demanda ensuite au pasteur Simon d'expliquer pourquoi l'église en était venue à s'y impliquer.

Le pasteur Simon remercia le Commissaire de les avoir invités à cette réunion. Il dit que l'église était reconnaissante de la préoccupation de l'Etat concernant la terre et la forêt. Il dit apprécier les efforts fournis par l'Etat pour préserver la terre et pour reboiser certains endroits.

« M. le Commissaire, poursuivit-il, nous croyons que la santé de la terre devrait préoccuper tout le monde. Nous sommes en train d'encourager nos membres et les dirigeants dans nos communautés à mieux prendre soin de la terre. Nous leur proposons de planter des arbres qui seront bénéfiques à leurs champs, leurs jardins et leurs sources d'eaux. Les arbres rendront la terre plus fertile et préserveront les sources d'eaux ».

Robert prit la parole : « M. le Commissaire, vous avez raison de vous inquiéter que l'église entreprenne des projets sans vous en informer. Pour dire vrai cependant, nous ne nous sommes lancés dans aucun projet. Le pasteur Simon est en train de nous faire voir à l'église ainsi qu'aux responsables de nos communautés, que c'est Dieu qui nous a donné la terre et les forêts. Dieu nous a donné de merveilleuses ressources. Il nous a également confié la responsabilité de bien prendre soin de ces ressources. Nous nous rendons compte que nous n'en avons pas bien pris soin. C'est pourquoi, nous avons cette responsabilité devant Dieu, devant l'Etat, devant nous-mêmes ainsi que devant nos petits-enfants de mieux prendre soin de ces ressources ».

Le pasteur Simon ajouta : « M. le Commissaire, nous à l'église sommes très désireux de collaborer avec vous et le gouvernement d'une manière ou d'une autre. Dites-nous s'il vous plait comment nous pouvons vous être utile ».

Le Commissaire parla au pasteur ainsi qu'aux autres, des projets de reforestation que l'Etat proposait. Il expliqua aussi la législation interdisant aux gens d'abattre les arbres et les endroits où les agriculteurs ne pouvaient pas faire des champs. « Cependant, dit-il, beaucoup de gens ne respectent pas ces règlements que nous avons élaborés sur la forêt. Ils ne veulent pas collaborer avec nous dans ces projets de reboisement que nous proposons. Ils disent que la terre leur appartient parce qu'ils l'ont héritée de leurs ancêtres. Ils ne veulent pas nous voir y planter des arbres ».

L'un des adjoints du Commissaire ajouta: « Malgré les efforts que nous déployons pour enseigner aux gens l'importance des arbres, ils ne semblent pas comprendre ».

Le pasteur Simon répondit : « Nous pouvons peut-être vous aider en cela. Vous et nous comprenons l'importance de la forêt et ce dont on a besoin pour garder la terre saine. Nous en connaissons les explications scientifiques.

Cependant, les gens dans les communautés n'ont pas étudié la science. Ils ne comprennent pas très bien les causes physiques des problèmes. Mais, ils connaissent quand même quelque chose de Dieu, et qu'il est très important dans nos vies. Nous essayons ainsi de leur montrer ce que Dieu a dit à propos de la terre et de la forêt ».

Le Commissaire eut l'air surpris : « Qu'est-ce que Dieu dit de ces choses ? Nous savons uniquement ce que la science dit de l'agriculture et de la l'agroforesterie ».

Le pasteur Simon ouvrit sa Bible et lut au Commissaire, comment Dieu a créé toute la nature. Il a planté des arbres, des plantes et des fleurs sur toute la terre. Il a ensuite créé l'homme et la femme pour prendre soin de la nature. Dieu dit que le monde entier lui appartient. Ceci comprend les forêts et les vallées, les sources d'eaux et les fleuves, ainsi que toute la nature. Il nous a donné ces merveilleuses choses pour les utiliser et nous a chargés d'en prendre soin.

Le Commissaire était étonné. « Je n'ai jamais entendu cela avant.

Dit-il. Oh oui, je crois en Dieu. Je croyais que Dieu s'occupait seulement du ciel et de ce que nous devons faire pour y entrer. Je n'étais pas au courant que Dieu s'occupe aussi de nos vies sur la terre ici-bas ».

« Oh ! Bien sûr que si, répondit le Pasteur. En fait, Jésus nous dit que les responsabilités que nous aurons dans l'éternité au ciel, dépendent de la façon dont nous les aurons exercées ici sur la terre. La Bible nous dit aussi que c'est Dieu qui a établi les autorités. Dieu sait que nous devons organiser nos vies et être nos propres gouvernants, pas seulement par notre propre sagesse, mais avec sa sagesse et son aide ».

Le Commissaire se pencha vers l'avant dans sa chaise. « Vous voulez dire que Dieu s'intéresse à la façon dont je gouverne ce district ? »

« Absolument, répondit le pasteur Simon, qui sourit. Je suis convaincu que Dieu est content que vous essayiez de prendre soin de la terre et de la forêt. C'est Dieu également qui nous a mis ces choses à cœur à l'église. C'est pour cela que nous essayons d'aider nos gens et nos communautés à comprendre l'importance de travailler ensemble pour mieux prendre soin de la terre et des forêts ».

Le Commissaire fut silencieux pendant un moment. Puis il fit signe à ses trois assistants et ils s'excusèrent et se retirèrent de la salle. Durant leur absence, le pasteur Simon, Robert et Rebecca priaient silencieusement. Après quelques temps, le Commissaire et ses assistants revinrent. Le Commissaire remercia le groupe pour lui avoir dit des choses qu'il ne savait pas. Il dit ensuite : « Il est clair pour moi que nous partageons tous la même préoccupation concernant la terre et la forêt. Je vois également que vous avez beaucoup de sagesse. Vous êtes proche de la population. Nous agents gouvernementaux ne sommes pas proches du peuple. Il est important par conséquent, que les églises et l'Etat travaillent ensemble. Aussi, Pasteur, j'aimerais vous inviter à être membre du comité du district qui s'occupe de la terre et des forêts.

Le pasteur Simon fut ravi d'entendre cela. Il répondit qu'il serait content de faire partie de ce comité. Il pourrait représenter les églises de la localité. Il dit qu'il pourrait également représenter l'Etat auprès des églises. Il leur expliquerait comment l'Etat et les églises pourraient travailler ensemble côte à côte.

Le Commissaire se tourna vers Robert et lui dit : « Vous êtes le Directeur de l'école de Katindi. Je crois que vous devez également faire partie de ce comité. Vous pouvez ainsi utiliser votre position dans le système scolaire pour mieux instruire les enfants et les élèves, ainsi que les enseignants sur ce qu'ils doivent faire pour rendre la terre et les forêts meilleures ».

Mr. Naninga, l'assistant du Commissaire, prit la parole : « Nous voyons clairement ici un esprit de collaboration. Cela est extrêmement important si nous devons aider notre terre à se développer et à devenir prospère. Je crois que c'est un jour important dans la vie de notre district. Nous voulons que vous dirigeants des églises, puissiez aider les gens dans vos églises et communautés à comprendre que, nous les autorités voulons rendre notre terre meilleure. Nous ne pouvons pas le faire seules. Nous ne pouvons pas non plus le faire en élaborant tout simplement des lois et des règlements. Mais, si nous pouvons tous travailler ensemble, nous pouvons restaurer la terre et la développer. Ainsi, nous serons tous prospères ».

Le pasteur Simon répondit qu'il était très ravi de cet esprit de collaboration. Il rassura les autorités du soutien total de son église, et de sa volonté d'aider toutes les églises et communautés à collaborer avec l'Etat. Ils se levèrent tous et se serrèrent la main. Le Commissaire demanda au Pasteur Simon de clore la rencontre par une prière.

Avant de quitter, le Commissaire leur dit qu'il tiendrait une rencontre dans un mois à partir du samedi suivant. Cette réunion porterait sur la plantation d'arbres comme source de combustible. Les gens abattaient beaucoup de forêts parce qu'ils avaient besoin de combustibles. Il était très préoccupé de la façon dont on pouvait trouver des moyens de planter des arbres, en particulier comme source de combustible. Un enseignant de l'école agricole allait y participer. Il aimerait que les responsables des églises soient là aussi. Le pasteur Simon répondit qu'il serait heureux d'y participer et qu'il inviterait des responsables d'autres églises et communautés aux alentours de Katindi à y prendre part également.

Questions pour étude

1. *Lisez Romains 13.1 – 7. Que pouvons-nous apprendre des instructions de Paul sur la relation entre les autorités et l'église ?*
2. *Pourquoi est-il important que les églises et les autorités travaillent ensemble ?*
3. *Quelles difficultés doivent-elles être surmontées pour améliorer cette collaboration ?*
4. *Dieu peut-il travailler à travers des autorités pour réaliser ses objectifs ?*
5. *Pourquoi est-il important de prier pour les autorités ?*

CHAPITRE 17

Protéger la terre contre les animaux

Le samedi suivant, au matin, un groupe de responsables de plusieurs villages, y compris Moïse de Malenga se rassemblèrent à la maison du pasteur Simon. Ils s'assirent ensemble sous un grand manguier et la femme du pasteur Simon leur servit du thé. Plusieurs d'entre eux firent remarquer qu'ils n'avaient vu ni des chèvres, ni des cochons errer dans le village de Katindi.

Le problème des animaux errants

« Des chèvres et des cochons erraient librement dans notre village, dit le pasteur Simon. Ils mangeaient tout ce qui se trouvait dans les jardins des gens et tout nouvel arbuste ou arbre que nous essayions de planter. C'était frustrant. Pendant ce temps, nombreux de nos enfants étaient malnutris, alors que les chèvres et les cochons étaient assez gras. Nous sûmes que quelque chose n'allait pas ».

Henri, le chef du village de Kimbata éclata de rire et dit : « Tu veux dire que les animaux mangeaient ce qui était destiné aux enfants ? ».

« C'est cela, répondit le pasteur Simon. Nous savions que nous devions faire quelque chose à ce sujet »

« Qu'avez-vous fait? » demanda Moïse

Le pasteur Simon répondit : « Nous nous sommes rendus compte que c'était un problème majeur. En fait, ce problème existait depuis les temps de nos ancêtres. Personne n'y a trouvé une solution réelle. Mais nous savions que le moment était venu de faire quelque chose à ce sujet. Nous ne pourrions pas atteindre le type de vie et de prospérité auxquelles nous aspirions si nous laissions les animaux errer librement et détruire les cultures et les jardins. Jean, raconte-leur ce dont nous avons discuté.

Jean leur expliqua: « Nous savons que les européens ont résolu ce problème il y a de nombreuses années de cela. Ils ont de merveilleuses fermes et cultivent de nombreuses cultures. Ils ont d'autres fermes où ils élèvent des vaches, des moutons, des chèvres, et des cochons. Ils font une nette séparation entre les terres agricoles et les fermes d'élevage. Ainsi ils ont de la nourriture en abondance, dont la viande, le lait, ainsi que les produits laitiers ».

« Nous avons déjà vu que les méthodes européennes ne marchent pas ici en Afrique », objecta Moïse.

« C'est vrai, dit Jean. Mais le principe de protéger les champs contre les animaux est réel partout. Mais nous devons trouver des moyens de le faire en sorte que ça marche ici en Afrique. L'Afrique ne deviendra prospère que lorsque nous aurons résolu ce problème ».

Henri prit la parole: « Pasteur, nous en avons parlé dans notre village, mais nos gens ont protesté. D'abord ils ont dit que Dieu n'a pas créé l'homme pour qu'il soit l'esclave des animaux. Qu'ils n'allaient en aucune manière passer leur temps à voir si les animaux ont eu assez à manger et à boire. Les animaux devraient prendre soin d'eux-mêmes. Le deuxième problème était que cela coûterait de l'argent—de l'argent pour payer quelqu'un pour s'en occuper, ou acheter une clôture pour les retenir sur place. Nous ne pouvions pas résoudre ces problèmes ».

Ce que Dieu dit à propos de dominer sur la terre et les animaux

« Henri, nous avons discuté de ces deux problèmes, dit le pasteur

Simon. Nous avons parlé de comment l'homme doit vivre avec les animaux. Les animaux sont importants. Ils nous procurent de la nourriture. Ils nous procurent aussi de la richesse. Ils sont donc précieux pour nous.

« Dès le commencement, Dieu a dit à Adam et Eve de dominer sur les animaux. Nous le trouvons dans Genèse 1.28 où il est dit :*« Dieu les bénit, et Dieu leur dit ... ' Dominez sur ... tout animal qui se meut sur la terre'.*

La question réelle pour nous est la suivante : « Qui domine ici ? Est-ce que nous dominons sur nos animaux et nos champs ou est-ce que ce sont nos animaux et nos champs qui dominent sur nous?

Lequel de ces hommes domine-t-il sur ses animaux ?

Franchement, jusqu'à présent en Afrique, ce sont les animaux qui dominent sur nous. C'est pourquoi, nous avons beaucoup de problèmes pour produire des vivres et devenir prospères ».

« Comment sommes-nous censés dominer sur nos animaux ? » demanda Henri.

« Cela veut dire, garder les animaux à endroit qui leur est propre, tout en veillant à ce qu'ils aient ce dont ils ont besoin, répondit le pasteur Simon. Cela ne revient pas à être esclave des animaux. C'est plutôt garder les animaux là où il faut. C'est de cette façon que nous pouvons les maîtriser et ils nous procureront de l'argent. Dieu dit : 'Le juste pourvoit aux besoins de ses animaux. (Proverbes 12.10)'. Nous devrions faire cela ».

« Qu'est-ce que vos gens en ont pensé? » demanda Henri.

« Nos gens reconnaissent que Dieu a créé un monde merveilleux et nous a montré la meilleure façon d'y vivre. Lorsqu'ils se sont rendus compte que Dieu veut réellement que nous ayons des animaux et dominer sur eux, ils étaient d'accord et ont accepté cette idée ».

« Mais, prendre soin des animaux et surtout acheter du matériel pour leurs enclos coûte beaucoup d'argent », dit un autre chef.

Prendre soin des animaux convenablement augmente la richesse

« C'est vrai, dit le pasteur Simon. Mais, cela pourrait même produire plus d'argent si nous le faisons convenablement. Nous avons ainsi parlé du coût pour élever les animaux convenablement. Les animaux sont une richesse. Pensez à ce que vous pouvez obtenir d'une vache, d'une chèvre ou d'un cochon adulte. Beaucoup d'argent. Lorsque les animaux sont enfermés dans un petit endroit, s'ils ne font pas de longues distances pour chercher à manger, ils grossissent rapidement. Vous pouvez vite les vendre et augmenter votre richesse. Par contre, si vous les laissez errer à la recherche de leur nourriture, ils grossiront lentement. Vous devrez attendre qu'ils soient âgés de plusieurs années avant de les vendre ».

« Je crois que je vois où tu veux en venir, pasteur dit, Moïse. Il faut dépenser de l'argent pour en gagner plus ».

« C'est vrai Moïse. Et nos gens ont commencé à s'en rendre compte. »

« Qu'est ce qui est arrivé alors aux animaux ? » demanda Henri.

« Premièrement, nos populations commencent à penser à l'avenir. Ils se rendent compte maintenant que si nous dépensons un peu d'argent et d'efforts aujourd'hui, nous gagnerons plus d'argent l'année prochaine. Nous pouvons ensuite dépenser une partie de l'argent que nous gagnerons l'année prochaine pour le fructifier encore d'avantage à l'avenir. C'est de cette façon que nous devenons prospères et allons de l'avant. C'est ce que Jésus a enseigné à ses disciples » (Voir Matthieu 25. 14 – 30)

Amos, de Kilusu, demanda : « Pasteur Simon, qu'avez-vous fait ici à Katindi ? »

Nous devons respecter la propriété d'autrui, y compris les animaux

Le pasteur Simon répondit : « Certains des notables du village voulaient tuer tous les animaux. Mais nous savons que nous ne pouvions pas faire cela. Les animaux appartiennent à des gens et nous ne pouvions pas les tuer ».

Oscar, un autre chef dit: « Mais, ces animaux qui appartiennent à des gens broutent les cultures et les jardins d'autres gens. Pourquoi donc ne pouviez-vous pas les tuer ? »

« Bonne question, répondit le pasteur Simon. Nous en avons discuté assez longtemps. Nous sommes arrivés à cette conclusion que nous devons respecter la propriété d'autrui. Nous avons vu cela dans la Bible. Même Moïse a dit au peuple d'Israël : *'Je ne leur ai pas même pris un âne ; et je n'ai fait de mal à aucun d'eux'* (Nombres 16.15). Si lui, le grand dirigeant d'Israël a respecté la propriété des gens, nous devrions aussi faire de même ».

« Comment êtes-vous arrivé à le faire ? » demanda un autre chef.

« Nous nous sommes rendus compte qu'il fallait éduquer notre population sur la notion de propriété et les droits de chaque personne sur sa propriété. Les animaux appartiennent à des gens et nous devons respecter cela. Il en est de même pour les jardins et les champs qui appartiennent à des gens, ainsi que les cultures qui s'y trouvent. Le problème était que le droit de posséder des animaux était en conflit avec le droit de posséder des jardins et des champs. Nous devions trouver une solution qui pouvait respecter les deux droits ».

« Cela semble très compliqué pour moi », dit Moïse.

« Très compliqué, reconnut le pasteur Simon. Mais pas impossible. Nous avons passé beaucoup de temps à discuter sur comment élever des chèvres, des vaches et même des cochons de façon à ce qu'ils ne détruisent pas la propriété d'autrui. Cela signifiait garder les animaux à un endroit séparé où ils auraient suffisamment de nourriture et d'eau. On ne les laisserait pas sortir errer librement et consommer les aliments d'autres personnes. Nous avons parlé de plusieurs façons de le faire, n'est-ce pas Jean ? »

« C'est vrai, Oncle Simon. Nous avons discuté de différentes façons'de le faire :

1. Une façon qui coûte très moins cher est d'attacher les animaux. L'animal est attaché à un piquet ou à un arbre. Il peut brouter les herbes se trouvant là où il est attaché. Le propriétaire peut ensuite au bout de quelques heures, déplacer le piquet à un autre endroit. C'est une bonne façon de garder les animaux sous contrôle. Ils peuvent souvent brouter de l'herbe aux endroits les plus reculés et dans les recoins.
2. Une autre façon est d'avoir une clôture autour des champs de façon à empêcher les animaux errants d'y entrer.
3. Une troisième façon est de mettre des clôtures autour des champs pour animaux (pâturages) de manière à permettre aux agriculteurs d'élever des animaux pour gagner de l'argent ».

Des clôtures vivantes pour garder les animaux à leur place

Amos, de Kitaka, prit la parole: « Les clôtures coûtent de l'argent. Nous ne serons pas en mesure de les acheter pour tous nos champs ».

Le Pasteur répondit : « Vous n'êtes pas obligé d'acheter des clôtures, Amos. La plupart de nos champs ici à Katindi, ont des clôtures vivantes ».

« Qu'est-ce que c'est donc qu'une clôture vivante ? »

Moïse sourit et dit : « Pasteur, j'ai vu vos clôtures vivantes. Puis-je les décrire ? »

« Bien sûr, Moïse. Vas-y».

Moïse expliqua comment le pasteur Simon et ses voisins ont

planté des arbres qui poussent rapidement autour des limites de leurs champs. Autour de certains champs, ils ont planté le faux mimosa. Autour d'autres champs, ils ont planté l'acacia mellifera. Autour des grands champs, ils ont même plantée le grévilléa. Ces arbres ont beaucoup de graines, et ainsi ils sont faciles à planter. Ils ont un intervalle d'environ 3 pieds (un mètre) et il est facile de couper des feuilles des palmiers ou des tiges de bambous, de les attacher entre les arbres pour faire une clôture solide.

Le pasteur Simon continua : « Nous ne laissons pas les arbres pousser très haut ; nous ne les laissons non plus pousser pour couvrir les champs. Nous laissons cependant les branches pousser ensemble. Nous coupons beaucoup de branches et les étalons entre les plantes en croissance pour couvrir la terre. Cela garde la terre humide et la protège contre le soleil. Les feuilles des branches se décomposent et deviennent du compost. Et la clôture serrée empêche les animaux d'y entrer, même les poules ».

« Comment accédez-vous aux champs ? » demanda Amos.

« Oh, nous laissons un espace et y mettons une porte. C'est vraiment simple. Je vous montrerai cela plus tard quand nous sortirons ».

Jean ajouta : « Vous pouvez utiliser également d'autres plantes pour faire une clôture vivante. Les plantes de cactus tels que le sissal, qui ont des pointes aiguës sur leurs feuilles, constituent également une bonne clôture. Vous les plantez ensemble de façon rapprochée, et les animaux ne peuvent jamais passer au travers. Des arbustes avec beaucoup d'épines, peuvent également constituer une bonne clôture ».

« Mais alors, vous ne pouvez pas changer de champs année après année » protesta Henri.

« En faisant comme nous le faisons, dit le pasteur Simon, vous n'avez pas besoin de changer de champs. Vous pouvez les cultiver presque chaque année. Le faux mimosa et l'acacia ajoutent de l'azote à la terre. Les branches que nous coupons protègent la terre et lui apportent du compost. Nous plantons aussi différentes cultures dans chaque champ chaque année. Cela aide la terre à demeurer fertile ».

Les animaux sont un problème pour la communauté

Le pasteur Simon continua : « Nous devons comprendre que le problème des animaux errant et détruisant les biens est un problème pour toute la communauté entière. Chaque communauté a besoin d'élaborer des règlements. Il faut faire en sorte que les gens suivent ces règlements. Par exemple, si tu as un jardin, et que ma chèvre y entre et en détruit une bonne partie, la communauté décide de combien je dois te payer pour ces dégâts. De cette façon, je ferai de mon mieux pour garder mes animaux attachés ou mis dans un enclos pour qu'ils ne puissent plus détruire les champs ou les jardins des autres ».

Elevage des animaux dans des fermes

Oscar dit : « Pasteur, tu as mentionné le fait que certains agriculteurs n'élèvent que des animaux. Ils le font dans des pâturages séparés avec des clôtures à leurs abords. Parle-nous en ».

« Le meilleur endroit pour élever des vaches, des chèvres ou des moutons, c'est dans une vallée herbeuse où se trouve un cours d'eau ou une mare. Un agriculteur peut planter des arbres à croissance rapide, autour de quelques acres ou hectares de terres herbeuses. En liant entre les troncs d'arbres des lames de palmiers ou de petites branches, il se fait une clôture vivante. Deux de nos producteurs de bovins préfèrent planter des cactus épineux parce qu'ils constituent une bonne clôture. Les herbes constituent de bons pâturages, et les animaux boivent au ruisseau ou à la mare ».

« Cultivent-ils aussi des champs ? » demanda Amos.

« Certains d'entre eux le font, répondit le pasteur Simon, mais avec des champs séparés et entourés par des clôtures vivantes. Ils utilisent le fumier du bétail pour le répandre dans les champs afin d'aider les cultures à mieux croître. Certains de ces agriculteurs vendent aussi du fumier à des agriculteurs comme moi qui n'élèvent pas de bétail. Nous le mettons dans nos champs ou nos jardins pour les rendre fertiles. C'est de cette façon que leurs animaux leur procurent plus d'argent ».

Henri dit : « Tu veux dire que certains agriculteurs cultivent des champs et élèvent en même temps du bétail ? Certains de vos agriculteurs élèvent-ils seulement des animaux ? »

Le fermier élève des vaches dans un champ entouré d'une clôture vivante

« Oui, répondit le pasteur. Trois de nos agriculteurs élèvent uniquement des vaches et des chèvres. Ils travaillent dur pour faire cela et en tirent beaucoup d'argent. Ils n'ont pas de temps pour planter des cultures. Les autres, cependant, élèvent des animaux et cultivent, mais dans des champs séparés. Puis, d'autres comme moi, sont seulement agriculteurs. Nous n'avons plus de problème avec des vaches, des chèvres ou des moutons entrant dans nos champs. Ils sont tous gardés dans des pâturages clôturés par d'autres agriculteurs ».

« Cela semble intéressant. Je me demande si nous pourrions faire cela dans notre communauté » dit Henri.

Jean prit la parole: « Nous avons des experts à l'école agricole qui seraient heureux de venir à Kimbata et montrer à certains de vos agriculteurs comment le faire. Ils pourraient leur enseigner comment faire la rotation des pâturages, les entretenir convenablement, et les médicaments dont les animaux ont besoin».

« Quand avez-vous commencé à séparer les champs des pâturages ? » demanda un autre chef.

« Nous avons commencé à faire cela il y a quatre ans de cela, et ça marche bien, répondit le pasteur Simon. Trois agriculteurs ont maintenant des troupeaux de chèvres et de vaches, c'est cela seulement qui les occupe. D'autres ont des troupeaux moins importants, ainsi que des champs avec des cultures. Les animaux croissent rapidement et sont en bonne santé. Les agriculteurs achètent des vaccins des médicaments contre les tiques auprès de l'école agricole pour protéger les animaux. Ils vendent maintenant des vaches et des chèvres. Ils gagnent beaucoup d'argent. Ils dépensent seulement une petite partie de l'argent. Ainsi ils sont heureux ».

Jean ajouta: « Les gens ont observé que les animaux qui sont gardés dans un pâturage grossissent assez rapidement. Ceux qui errent ne grossissent pas ou ne grandissent pas rapidement. Ils voient les vrais avantages de garder les animaux dans un petit endroit où il y a de la nourriture et de l'eau ».

Moïse demanda : « Pourquoi en est-il ainsi ? »

Jean répondit : « C'est parce que les animaux des fermes peuvent utiliser la nourriture qu'ils mangent pour croître. Ainsi, ils grossissent rapidement. Les animaux qui errent, utilisent la grande partie de la nourriture qu'ils consomment pour errer davantage à chercher plus de nourriture. C'est pourquoi, ils restent assez maigres ».

L'inconvénient d'avoir beaucoup d'animaux dans de petits pâturages

« Combien de vaches peut-on élever dans un pâturage ? » demanda Moïse.

« C'est une question importante, répondit Jean. Cela dépend de la quantité d'herbe disponible. Il n'est pas bon d'élever beaucoup de bestiaux dans un pâturage si la quantité d'herbe ne suffit pas pour les nourrir. Si un pâturage est fertile, l'herbe sera bonne. Un hectare ou 2 à 3 acres de bonne herbe peuvent suffire pour jusqu'à quatre vaches ou une douzaine de chèvres. Si un agriculteur a plus de quatre vaches pour chaque hectare (3 acres), le pâturage va rapidement s'épuiser et les vaches ne croîtront pas bien. Un producteur de bétail a besoin de l'aide de quelqu'un du centre agricole ou de l'école agricole. Un expert en bétail peut aider l'agriculteur à savoir combien de vaches ou de chèvres il peut élever sur sa portion de terre ».

Le pasteur Simon dit: « Laissez-moi vous raconter une importante histoire de la Bible, dans Genèse chapitre 13. Abraham et son neveu Lot avaient tous deux de grands troupeaux de bétail. Leurs troupeaux continuaient à s'accroître. Bientôt, ils se sont rendu compte que leur terre ne pouvait plus les contenir. Les troupeaux mangeaient rapidement l'herbe, celle-ci ne pouvait pas repousser rapidement. La terre devenait pauvre. Abraham était sage. Il parla avec Lot, expliqua le problème et lui proposa qu'ils séparent et mettent leurs troupeaux à des endroits différents. C'est ainsi que Lot est allé d'un côté, et Abraham de l'autre. Il y avait de cette façon, moins de bétail et de chèvres, et l'herbe ainsi que la terre pouvaient se renforcer à nouveau ».

« Qu'est-ce que tu nous dis, Pasteur ? Devons-nous déplacer nos villages ? » demanda Henri.

« Non, je ne crois pas. Au temps d'Abraham, il y avait beaucoup de terres. Mais aujourd'hui, il y a beaucoup de gens pour une petite portion de terre seulement. C'est pourquoi, nous avons besoin de la sagesse d'Abraham pour voir ce qui se passe à notre terre, à notre sol et à nos pâturages. Jean nous a dit combien de vaches peuvent bien grandir sur une certaine aire de pâturage. Nous devons travailler dur pour garder ces pâturages en très bon état. Lorsque nous avons plus de vaches, mais moins d'espace pour le pâturage, notre pâturage va s'épuiser. Dans ce cas nous, nous devrions vendre certaines des vaches et garder seulement un nombre que le pâturage peut nourrir ».

« C'est à ce niveau que notre école agricole pourrait aider, ajouta Jean. Nous avons des enseignants qui peuvent examiner vos pâturages, apprécier le sol et l'herbe, et vous dire le nombre de vaches que le pâturage peut supporter ».

« Pasteur Simon, parle-nous des jardins potagers et de vos champs ici à Katindi, demanda Moïse. Est-ce qu'ils ont un meilleur rendement? »

« Absolument, répondit le pasteur Simon. Les animaux n'entrent plus dans les jardins ni dans les champs, et la production alimentaire est en croissance. Nos enfants ont maintenant bonne mine. J'achète souvent des seaux de fumier auprès des éleveurs de bétail pour les mettre dans mon jardin. Cela m'aide à avoir plus de légumes ».

« Qu'en-est-il des cochons ? », demanda Oscar.

« Les cochons sont difficiles à élever, dit le pasteur Simon. Il est difficile de les garder dans un enclos sans qu'ils ne sortent. Ils peuvent creuser des trous en dessous de n'importe quelle clôture. C'est pourquoi, nous devons leur trouver un autre moyen ».

« Qu'avez-vous fait ? »

« Mon neveu Jean en a discuté avec ses enseignants à l'école agricole et ils lui ont montré une bonne façon de le faire. Jean, raconte-leur ».

Jean expliqua au groupe ce qu'il avait appris à l'école sur l'élevage des cochons. Il conduisit ensuite le groupe chez Roger pour voir comment ce dernier les élevait.

Une ferme d'élevage de cochons

Roger avait dans la vallée au bas du village, deux grands cochons, un mâle et une truie. Il a construit une porcherie avec des poteaux solides et de larges planches. La planche d'en bas descendait de quelques pouces dans le sol pour empêcher les cochons de creuser des trous en dessous.

Chaque cochon se trouvait dans un enclos plus petit à l'intérieur de cette porcherie. La truie venait de mettre bas. Roger était en train de construire un autre enclos à côté de la grande porcherie, dans l'objectif d'y mettre certains des porcelets lorsqu'ils seraient sevrés. Il allait les vendre après un ou deux ans lorsqu'ils

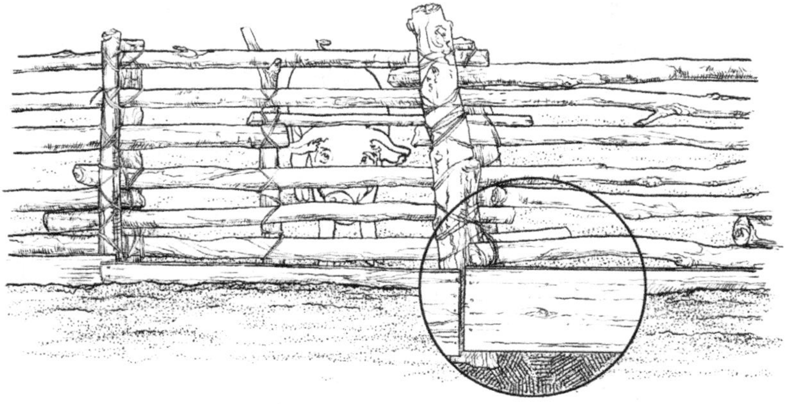

Une clôture avec un cadre profond du sol pour empêcher les porcs de creuser.

allaient grandir.

Nourrir les cochons demandait beaucoup de travail et d'argent. Roger cultivait du maïs et des arachides dont il donnait une partie comme nourriture aux cochons. Il achetait aussi quelques sacs de vivres au magasin agricole en ville. Tous les déchets alimentaires de sa maison revenaient aux cochons. Il leur donnait des bananes, des mangues, d'autres fruits, ainsi que du fourrage.

Il leur expliqua comment il gardait la porcherie propre. Chaque matin, il évacuait des enclos les ordures non consommées, ainsi que les excréments des cochons. Il gardait ce fumier dans un petit enclos proche de là. Il dit que cela constituait un bon compost pour son jardin potager et son champ de maïs. Il dit qu'il est très important de garder la porcherie propre pour préserver les cochons des maladies. Il vend aussi une partie du fumier à d'autres agriculteurs.

Un petit étang se trouvait au bas de la porcherie. Roger expliqua comment il avait creusé cet étang pour y élever des poissons. Il mettait une partie des excréments des cochons dans l'étang. Cela aidait à faire pousser les plantes minuscules que les poissons mangent. Ainsi, il peut attraper plusieurs poissons de son étang.

La ferme porcine de Roger et son étang (baignoire).

Henri posa une question à Roger : « Cela te demande un dur travail pour élever ces cochons. Pourquoi le fais-tu ? »

Roger sourit et répondit : « Parce que je gagnerai beaucoup d'argent de ces cochons. Cette portée compte six porcelets. Je commencerai à les vendre l'année prochaine. Les gens payent bien pour un mâle adulte et encore plus pour une femelle. La truie aura une autre portée l'année prochaine. J'aurai donc à vendre chaque année entre quatre à huit cochons. L'argent que j'aurai en les vendant, est de loin supérieur à l'argent que je dépense pour leur nourriture et leur santé. Ainsi, mon dur travail génère de l'argent pour moi et ma famille ».

Le pasteur Simon ajouta : « La façon dont Roger élève ces cochons est bonne pour la communauté. Cela montre à d'autres comment le faire. Ça ne nuit pas à la terre, et les cochons ne détruisent ni les jardins, ni les champs des gens ».

Les hommes serrèrent la main à Roger. Ils étaient heureux en voyant comment son projet de cochons évoluait.

Henri prit encore la parole : « J'ai un frère qui habite au nord. Ils ont un problème différent là-bas. De grands groupes de gens habitent là-bas, qui ont de nombreux bestiaux. Ils n'ont pas de champs pour planter des cultures. Ils n'élèvent que du bétail. Ils sont nomades et se déplacent avec leurs troupeaux à la recherche d'herbe pour les nourrir. Souvent, ces troupeaux entrent dans les champs des agriculteurs et détruisent beaucoup de cultures. Des bagarres éclatent et il y a des blessés, et même des morts. Ils ne savent pas quoi faire. Pasteur, toi ou Jean, avez-vous quelques mots de sagesse à ce sujet ? »

« C'est un problème majeur, répondit le pasteur, parce qu'ils ont vécu ainsi pendant des milliers d'années. Un réel changement doit s'opérer dans la culture, mais cela prendra du temps.

« Les agriculteurs et les éleveurs de bétail doivent discuter. Ils doivent décider quelle terre appartient aux agriculteurs et laquelle appartient aux éleveurs. Ils doivent trouver des moyens de respecter la propriété des uns et des autres. Les agriculteurs ont besoin de clôtures – des clôtures métalliques ou des clôtures vivantes autour de leurs champs. Les éleveurs doivent veiller sur leurs troupeaux pour s'assurer qu'ils restent toujours sur les terres qui sont les leurs. Il faudra beaucoup de temps pour y arriver. Nous devons sagement prendre soin de la terre comme Dieu le veut. Dieu veut aussi que nous vivions en paix avec ceux qui font les choses différemment.

« Mes frères, continua le pasteur, allons maintenant voir les clôtures vivantes autour de nos champs. Ensuite, nous descendrons dans la vallée où les animaux sont élevés et nous y discuterons avec les éleveurs qui s'y trouvent. Puis, nous reviendrons discuter de certaines questions que vous pourriez avoir. Je vous rappelle la réunion qui aura lieu le samedi au centre administratif, pour discuter de comment planter des arbres pour le bois de chauffe. ».

Questions d'étude

1. *Faites une liste des problèmes qui surgissent lorsqu'on laisse les animaux errer partout où ils veulent.*
2. *Comment pouvons-nous faire des clôtures vivantes pour garder les animaux dans leurs propres domaines (pâturages) ?*
3. *Pourquoi les animaux croissent-ils mieux lorsqu'ils sont élevés sur une petite portion de terre ?*
4. *Que devons-nous faire pour bien élever les animaux à un tel endroit ?*
5. *Pourquoi les agriculteurs et les éleveurs peuvent-ils gagner plus d'argent s'ils séparent les champs de cultures d'avec les pâturages pour le bétail ?*

CHAPITRE 18

Des arbres pour fournir du combustible

Un grand groupe de responsables communautaires, s'était rassemblé dans la salle de conférence du commissariat de district. Le pasteur Simon, Jean, Robert, Yvonne et Francis, le chef de Katindi étaient présents. Des dirigeants d'églises et des responsables communautaires de plusieurs villages du district étaient également là. Le Commissaire de district s'assit sur le podium avec des responsables de l'école agricole.

L'abattage de la forêt pour du combustible

Après avoir souhaité la bienvenue à tout le monde, le commissaire présenta le Professeur Kingwedi, de l'école agricole. Le Professeur parla brièvement de la nécessité d'avoir des arbres pour ravitailler les gens en combustible, dans les grandes et les petites villes, ainsi que les agriculteurs dans les milieux ruraux. Il dit que le besoin était grand. Les arbres sont l'unique source de combustible pour la plupart de gens. A cause de cela, de nombreuses personnes étaient en train d'abattre des arbres de la petite forêt qui restait pour en faire du bois de chauffe et du charbon. Bientôt, il n'y aurait plus d'arbres. Il demanda alors au groupe de réagir.

Joël était le chef de Kingala, une communauté proche du chef-lieu du district. Il posa une question du groupe.

« Nous avions une grande forêt il y a des années de cela. Cependant, les gens ont commencé à abattre des arbres pour brûler le bois et produire du charbon. Comme vous le savez, le charbon est la source principale de combustible en ville. De nombreux marchands viennent acheter des sacs de charbon dans notre communauté. Nos arbres ont maintenant presque tous disparu, et il ne nous reste pas d'arbres pour nous servir de combustible ou pour construire des maisons. Que pouvons-nous faire ? »

L'usage de l'eucalyptus comme combustible

Amos, le chef de Kitaka déclara : « Notre communauté est également situé assez près de la ville. Il y a quelques années, nous avons appris comment planter l'eucalyptus. Il a une croissance rapide et au bout de quelques années il devient très grand. Il sert à faire de bons poteaux pour la construction de maisons et de clôtures. Il constitue également un excellent bois de chauffe. Plusieurs de nos agriculteurs ne plantent maintenant que l'eucalyptus. Ils gagnent beaucoup d'argent en vendant le bois de chauffe aux gens de la ville ».

Henri, le chef de Kimbata dit : « Nous sommes aussi en train de planter l'eucalyptus. Il constitue vraiment un bon bois pour le combustible. Cependant, ces arbres sont néfastes au sol. Nous ne pouvons rien cultiver en dessous ou même à côté d'eux. La terre est devenue très pauvre. Nous voulons trouver d'autres moyens pour faire du bois de chauffe qui ne va pas épuiser la terre ».

Une plantation d'arbres pour fournir du combustible

Le professeur s'adressa cette fois-ci à l'ensemble du groupe. « Il y a une meilleure façon, dit-il. L'année dernière, j'ai amené certains de nos étudiants voir un projet d'arbres. Il se trouve sur le plateau, à côté du village de Mampo et non loin de la capitale. Le projet a planté une espèce d'acacia appelée Acacia auriculiformis. Le bois de cet arbre constitue un bon bois de chauffe et peut également produire du bon charbon ».

« Racontez-nous, dit le groupe. Comment procèdent-ils? »

« Chaque agriculteur a une large portion de terre pour planter cet arbre, à peu près 8 hectares (20 acres). Un arbre prend huit ans pour devenir assez grand, et être coupé pour en faire du charbon. Il prépare la première année, un terrain d'un hectare et y plante des graines d'acacia qu'il obtient de l'école agricole. Il les plante en rangée, avec un intervalle d'à peu près trois mètres. Il plante entre ces intervalles, ses cultures ordinaires telles que le maïs, le mil, le manioc, les arachides, le haricot, la patate douce et les courges pour lui-même ainsi que sa famille.

« C'est une grande superficie de terre. Combien de temps cela lui prend-il pour tout défricher ?», demanda quelqu'un.

« Il commence le défrichage du champ pendant la saison sèche. Il peut défricher le terrain d'un hectare en deux mois, surtout s'il travaille avec sa famille entière. Il brûle les grands arbres et la

Mise en terre de graines d'acacia. A l'arrière-plan, des arbres d'un an et des cultures plantées dans les intervalles des rangées.

broussaille qu'il a coupés. Il laisse par terre, les mauvaises herbes et les graminées qu'il a arrachées de la terre pour en faire du paillis. Il ne laboure pas la terre. Lorsque les pluies commencent, il met en terre les graines d'acacia et aussi ses cultures. Ainsi, les graines peuvent germer et les jeunes plantes ont un bon début avant la fin des pluies. Elles continueront à croître durant la saison sèche suivante ».

« Comment semez-vous les graines d'acacia ? » demanda Amos

Le Professeur répondit : « Vous les semez dans une terre meuble, bien remuée à l'aide d'une houe. Faites avec votre doigt trois trous de 5 cm (deux pouces) de profondeur, rapprochés l'un de l'autre. Semez une graine dans chaque trou. Si toutes les trois graines germent, enlevez deux de ces trois jeunes plantes en sorte qu'il y ait un seul arbre qui reste à chaque endroit. Veillez à ne pas laisser de mauvaises herbes pousser tout autour du jeune arbre. Les agriculteurs de Mampo font ce désherbage en même temps qu'ils cultivent et désherbent leurs cultures ».

Henri dit : « Je suppose que durant la saison sèche suivante, il coupe encore un autre terrain d'un hectare (2,5 acres) pour y planter des arbres ».

« C'est juste, dit le Professeur. La deuxième année, il plante de nouveau ses cultures sur son premier terrain entre les petits acacias. Ces petits arbres commencent déjà à fournir de l'azote à la terre, et ses cultures vont mieux pousser. En même temps, les graines germent dans le deuxième terrain et les jeunes arbres commencent à pousser ».

« Je crois que je vois ce que vous voulez dire, dit Henri. Chaque année, il défriche un autre terrain d'un hectare et y sème des graines d'acacia. Dans huit ans, tous les 8 hectares seront plantés d'arbres ».

« Exactement, dit le Professeur. Il peut maintenant commencer à moissonner les arbres du premier terrain, parce qu'ils sont devenus assez grands. Il abat tous les arbres. Les troncs d'arbres ainsi que les grandes branches sont bons pour faire du charbon. Vous avez besoin de gros morceaux de bois pour cela, aussi gros que votre cuisse ou même plus. L'agriculteur utilise les petites branches pour constituer du bois de chauffe, dont la grosseur atteint celle de la jambe ou de l'avant-bras. Il les découpe en morceaux d'environ un mètre de long et les lie en fagots. Il met les fagots dans un abri jusqu'à ce qu'ils sèchent et peuvent bien brûler. Après avoir abattu les arbres, il brûle ce premier terrain d'un hectare, tout en faisant attention à ce que le feu ne contamine pas les autres terrains où se trouvent les arbres ».

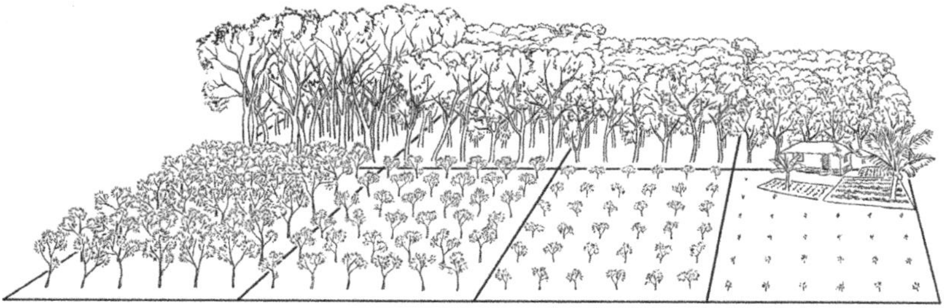

Plan d'une plantation d'acacias.

« Pourquoi brûle-t-il la terre? » demanda Joël. N'est-ce pas là une mauvaise idée?»

« Non, répondit le Professeur. Beaucoup de graines d'acacias sont tombées des arbres sur le sol. Le feu brûle et ouvre les dures coquilles qui les recouvrent. Cela permettra à la graine à l'intérieur de germer et de pousser. Brûler le champ est donc une bonne chose ».

« Reçoit-il de nouvelles graines de l'école agricole ? » demanda Amos.

« Non, il n'a pas besoin d'autres graines, parce que beaucoup de graines se trouvent déjà à terre».

« Mais comment les fait-il pousser en rangées?» demanda Abdias.

« C'est facile, dit le Professeur. Jean, raconte-leur ».

« Les graines sont éparpillées partout et elles ne tardent pas à pousser, dit Jean. Beaucoup de jeunes arbres poussent, dont le nombre dépasse de loin ce dont on a besoin. L'agriculteur arrache beaucoup de jeunes arbres, pour laisser d'autres grandir, séparés d'un intervalle de près de trois mètres (10 pieds). Les arbres ne pousseront pas bien s'ils sont trop serrés ».

« Vous êtes donc en train de dire que la plantation d'acacias et de cultures peut aller de pair ? » dit Amos.

« Absolument, répondit le Professeur. C'est vraiment assez remarquable. Les acacias fixent beaucoup d'azote dans le sol. Cela fait très bien pousser les cultures. La production de maïs, de mil, de manioc, de haricot, etc…est beaucoup meilleure grâce à cela. L'agriculteur plante ses cultures dans les champs là où les arbres viennent d'être coupés et après que la terre a été brûlée. Les cultures peuvent y pousser entre les jeunes arbres jusqu'à ce que ceux-ci atteignent deux ans ».

« Les branches d'acacia peuvent-elles être utilisées comme paillis ? »

« Oh oui, répondit le Professeur. Les bouts des jeunes branches inférieures peuvent être coupés des arbres de taille moyenne et utilisés comme paillis entre les cultures. Ils doivent être coupés avant qu'ils ne poussent de longues épines. Ceci augmente la production alimentaire. Il fournit du compost aux cultures. Il garde aussi l'humidité de la pluie dans le sol ».

La vente de charbon et de bois de chauffe

« Comment les agriculteurs vendent-ils le bois de chauffe et le charbon ? demanda Henri. Ils sont très occupés, donc comment trouvent-ils du temps pour les apporter au marché ? »

« Une très bonne question, répondit le Professeur. Ces agriculteurs travaillent ensemble. Ils ont formé une coopérative. L'un d'entre eux est gérant de ce grand projet, qui regroupe à peu près quarante agriculteurs. Chaque agriculteur apporte au gérant ses sacs de charbon et les fagots de bois de chauffe qu'il a préparés. Son nom est sur chaque sac et sur chaque fagot. Le gérant note tout cela – à qui ils appartiennent et quel est leur nombre. Les marchands de la ville viennent voir le gérant. Il leur vend autant de sacs ou de fagots qu'ils peuvent acheter. Il note les noms de ceux dont les sacs et fagots ont été vendus ainsi que le montant d'argent reçu. L'agriculteur peut alors venir prendre l'argent des sacs de charbon et des fagots vendus ».

Des fagots de bois pour le bois de chauffe, et de plus grandes bûches pour fabriquer du charbon.

« Mais, comment le gérant gagne-t-il sa vie ? », demanda Amos.

« Le gérant retient trois pourcent du prix de la vente de chaque sac et de chaque fagot. Il n'a pas de plantation d'arbres propre à lui. Parce qu'il gagne ces trois pourcent de la vente des sacs et des fagots de chacun de ces quarante agriculteurs, il gagne autant qu'eux ».

« Où cultive-t-il sa nourriture ? »

« Les agriculteurs proches de sa maison le laissent utiliser un ou plusieurs hectares de leurs terres dont ils viennent d'abattre les arbres récemment. Ainsi les cultures du gérant poussent bien également dans une terre riche où sont plantés des acacias ».

« Comment les agriculteurs savent-ils que le gérant leur donne tout leur argent ? » demanda Amos.

Le Professeur rit et dit : « Vous avez posé une bonne question. Chaque agriculteur conserve les notes de ce qu'il a remis au gérant. Il reçoit un reçu pour le bois qu'il a apporté. Il connaît le montant qu'il devrait recevoir. Tous les agriculteurs et le gérant se rencontrent une fois par mois pour discuter du projet. Ils vérifient tous les comptes. Chacun d'eux peut voir ce qu'il a fait, et combien il reçoit et ce qu'il devrait recevoir. Cela aide tout le monde à rester honnête ».

Une communauté de marché

« Ils ont aussi un autre projet. Jean, raconte-leur cela ».

Jean se leva et s'adressa au groupe : « Les fleurs d'acacias permettent d'obtenir du bon miel. Plusieurs des femmes des agriculteurs ou leurs enfants adultes, ont construit des ruches et ont appris comment les entretenir pour produire du miel. Il a un merveilleux goût. Ils le vendent aux marchands qui viennent de la ville. C'est une autre façon de faire du miel ».

« Quelles sont les autres choses qu'ils ont apprises de ceci ? » demanda Joël.

« De petits animaux vivent maintenant dans la forêt d'acacias et ils procurent de la nourriture. Des champignons y poussent très bien et ainsi les gens ont beaucoup de champignons pour leur consommation. Même quelques feuillus y ont poussé, et ils les laissent grandir. Ils procureront de l'argent à leurs enfants dans les années à venir ».

« Cela semble être un merveilleux arrangement » dirent plusieurs hommes.

« Oui, répondit le Professeur. L'un des commerçants a construit un magasin dans ce projet. Les gens peuvent maintenant aller acheter des choses directement là-bas, au lieu d'aller en ville. Ils ont construit également un petit centre de santé. Une infirmière y habite et ainsi les gens reçoivent les soins médicaux dont ils ont besoin. Ils ont aussi construit une petite église. L'un des agriculteurs en est le pasteur, et il a un petit champ d'arbres. De cette façon, il gagne la grande partie de son argent de la vente de son bois de chauffe et de son charbon, ainsi que des récoltes. Mais il trouve également du temps pour exercer son ministère pastoral. Ils ont également construit une école primaire pour leurs enfants ».

Amos, le chef de Kitaka posa une question : « Nous n'avons pas assez de terres pour un grand projet comme celui-là. Certaines personnes habitent dans des maisons dans la communauté. D'autres ont de petits champs autour du village. Comment pouvons-nous trouver du bois de chauffe pour les gens qui habitent le village et pour les agriculteurs eux-mêmes? »

La plantation d'arbres pour fournir du combustible dans la communauté

Le pasteur Simon se leva et demanda l'autorisation de répondre à cette question. Le Commissaire acquiesça, et le pasteur commença à parler. « C'est une question très pratique pour la plupart d'entre nous. Il est surtout important pour les dirigeants d'églises de comprendre que nous pouvons aider les gens dans notre communauté en la matière.

« J'habite dans le village de Katindi, et j'ai un petit champ juste à l'extérieur. J'ai planté le faux mimosa ainsi que l'acacia autour de mon champ. Il y a des acacias près de ma maison. Les arbres autour de mon champ constituent une clôture vivante. Les racines de ces arbres rendent la terre de mon champ fertile. Je coupe régulièrement de nombreuses petites branches pour les utiliser comme compost.

Je coupe également des branches des plus grands arbres, des branches d'une épaisseur atteignant presque mon bras. Je les utilise comme bois de chauffe.

« J'ai un petit endroit juste derrière ma maison où je garde ces branches. J'ai construit un petit abri et l'ai couvert avec une feuille de plastique et des branches de palmiers au-dessus pour les protéger contre la pluie. J'y mets les branches pour sécher pendant quelques mois jusqu'à ce qu'elles deviennent assez sèches pour servir de bois de chauffe.

« Merci, Pasteur Simon, pour ces bonnes paroles dit Henri. Quelques agriculteurs autour de mon village de Kimbata ont une partie de leurs terres consacrée aux arbres pour le bois de chauffe. Certains ont planté des acacias comme les gens de Mampo. D'autres ont planté le faux mimosa, le grévilléa ou d'autres types d'arbres. Ils gagnent de l'argent en vendant le bois de chauffe aux gens du village ».

Le pasteur Simon demanda une fois de plus l'autorisation de parler : « M. le Commissaire et Professeur Kingwedi, voici des exemples merveilleux d'une vraie communauté. Les gens fournissent quelque chose dont d'autres ont besoin – du charbon, du bois de chauffe, et même de la nourriture. Ils gagnent de l'argent de ce qu'ils produisent. Les gens de Mampo ont mis en place un bon système qui fonctionne bien. Ils ont même une église, un centre de santé et une école primaire. Les gens de Kimbata et de notre village Katindi cultivent davantage de produits alimentaires pour leur consommation et pour en vendre à d'autres. Nous avons également planté des arbres pour nous fournir du combustible. Nous essayons de faire ce que Dieu nous a dit de faire :

- Prendre en charge nos propres vies
- Travailler ensemble pour s'entraider
- Vivre ensemble en paix et en harmonie ».

Joël posa une question au Professeur: « Monsieur, serait-il possible pour quelques-uns d'entre nous les responsables, d'aller visiter le projet de Mampo? Il semble qu'il y a quelque chose que nous pouvons apprendre d'eux ».

Commencer un projet d'arbres pour le combustible

Le Professeur répondit : « Oui, vraiment. Si vous croyez que c'est un exemple que vous aimeriez suivre, nous pouvons organiser un tel voyage si vous le souhaitez. C'est assez loin d'ici. C'est pourquoi, nous devrions le planifier quelques semaines auparavant. Je vous en tiendrai informés.

« Cependant, en attendant, j'aimerais inviter certains d'entre vous à venir à notre école agricole pour avoir des conseils sur la plantation d'arbres. Un enseignant pourra visiter chacune de vos communautés. Il aura besoin de tester la terre. Il pourra ainsi déterminer les espèces d'arbres qui seraient mieux pour vous. Les acacias auriculofolis poussent bien à Mampo. Ce sont les espèces que nos enseignants leur ont dit de planter. Mais, elles pourraient ne pas bien pousser dans vos terres. Il faudrait peut-être une autre espèce d'acacia, de faux mimosas ou un autre type d'arbre adapté à votre terre. Nous allons vous aider à déterminer quel arbre et quelle espèce conviennent le mieux ».

Le Commissaire se leva et prit la parole. Il remercia le Professeur pour son excellent enseignement. Il remercia tout le monde d'être venu et d'avoir participé à la discussion. Il remercia aussi le pasteur Simon et les autres dirigeants d'églises d'être venus. Il dit qu'il y a une ou plusieurs églises dans chaque communauté. Ces églises devront travailler ensemble pour enseigner les gens sur la terre, les arbres ainsi que sur la forêt.

« Si vous travaillez ensemble, et si vous travaillez avec les experts de l'école agricole et avec nous, autorités administratives, nous pouvons vraiment restaurer notre terre, nos forêts et avoir des vies prospères et heureuses ».

Questions d'étude

1. *Comment les gens peuvent-ils produire du bois pour le combustible sans détruire la forêt ?*
2. *Expliquez comment les arbres pour le combustible et les cultures peuvent bien croître ensemble.*
3. *Est-il possible de commencer un projet comme celui de Mampo, même avec un petit groupe d'agriculteurs ?*
4. *Que faut-il pour qu'un projet comme celui-ci*

fonctionne bien pendant de nombreuses années ?

5. *Comment les gens d'une ville ou d'un village peuvent-ils planter des arbres pour le bois de chauffe ?*

6. *Que pouvez-vous faire dans votre communauté pour faire travailler les gens ensemble afin de réaliser ceci ?*

CHAPITRE 19

La terre, l'eau et les forêts

Une semaine après la réunion au centre administratif sur la plantation d'arbres pour le combustible, Moïse se rendit à Katindi à pieds. Il avait déjà appris beaucoup de choses du pasteur Simon. Il voyait ce que les gens faisaient à Katindi pour produire plus de vivres. Il sentait que les gens de son village pouvaient aussi faire ces mêmes choses. Il avait une autre question qu'il voulait poser au pasteur Simon, une question sur l'eau.

Avoir de l'eau propre en grande quantité

« Pasteur Simon, les gens dans votre communauté ont-ils assez d'eau à boire? Est-elle propre ? »

« Oui, répondit le pasteur Simon. Nous avons deux bonnes sources qui nous donnent de l'eau potable. Nous les protégeons soigneusement en sorte que cette eau reste toujours propre ».

« Comment protège-t-on une source ? » demanda Moïse.

« Premièrement, nous avons construit un solide barrage de pierres et de terre d'environ un mètre (3 pieds) de hauteur autour de chaque source. L'eau pure de la source remplit le petit bassin ou réservoir derrière le barrage. Nous mettons de courts bambous à la partie supérieure du barrage. L'eau potable de la partie supérieure du réservoir coule à travers ces conduits.

« Ensuite, nous avons construit une forte clôture tout autour de chaque source. La clôture traverse la partie supérieure du barrage. C'est pour empêcher les gens ainsi que les animaux d'atteindre le réservoir. Un homme entre dans le réservoir, deux fois par an pour le nettoyer et enlever des feuilles et autres choses qui sont tombées dans l'eau. Tout ceci vise à garder le réservoir propre ».

« Absolument, répondit le pasteur. L'eau de la source vient du fond de la colline. Nous savons qu'elle n'est pas contaminée. Elle a traversé beaucoup de mètres dans le sous-sol et le sable qui l'ont filtrée et débarrassée de tout ce qui est nuisible. La solide clôture empêche les gens et les animaux d'atteindre le réservoir pour ne pas salir l'eau. Dis-moi maintenant, pourquoi cette question sur l'eau ?».

Une source d'eau protégée.

« Parce que nous n'avons pas assez d'eau dans notre village, répondit Moïse. Nous avions une bonne source qui nous donnait beaucoup d'eau il y a de nombreuses années de cela. Mais depuis quelques années, la source ne nous donne qu'un peu d'eau seulement. Nous ne savons pas pourquoi elle nous donne si très peu d'eau, et ne savons que faire ».

« Moïse, dit le pasteur Simon, viens dîner ce soir chez moi. Nous en parlerons après ».

Un village sans eau

Après avoir mangé, le pasteur, Virginie et Moïse s'assirent dehors autour d'un petit feu et conversèrent. Robert les rejoignit. Le pasteur Simon savait que Robert avait une histoire à raconter sur l'eau et il voulait que Moïse l'entende.

Robert dit : « Mon père était inspecteur d'école. Il y a vingt ans de cela, il a visité un village assez lointain appelé Katunda. Il n'y avait aucune source d'eau. Les femmes devaient faire un trajet de 4 miles (7 kilomètres) pour obtenir de l'eau. Mon père a demandé au chef du village pourquoi ils avaient installé le village à un endroit où il n'y avait pas de source. Le chef a répondu que c'était leurs ancêtres qui avaient fondé le village là il y a quelques de générations de cela.

« 'N'y avait-il pas de source quand les ancêtres établissaient ce village?' a demandé mon père.

« 'Oui, il y en avait. Il y en avait là-bas, au fonds, dans la prairie', a répondu le chef, en indiquant le fonds d'une vallée herbeuse.

« 'Qu'est-il arrivé à la source?', a demandé mon père.

« 'Il semble que les ancêtres étaient indignés contre nous, a dit le chef. Les gens ont supposé que c'était parce que les femmes avaient brisé un tabou de la tribu. Ainsi, les ancêtres dans leur colère ont asséché la source pour nous punir ».

Le pasteur Simon dit à Robert d'arrêter un moment, puis il

regarda Moïse et dit : « La croyance aux forces des esprits des ancêtres est très populaire parmi la population traditionnelle. Nous devons reconnaître que cette croyance est profondément enracinée dans les cœurs des gens. Mais nous devons essayer de les aider en leur faisant comprendre qu'il est bien préférable de croire en Dieu qui nous a créés ainsi que nos ancêtres. Sa Puissance dépasse celle de tous les autres esprits. La sagesse dont nous avons besoin vient de son Esprit ainsi que de sa Parole. Nous ne devons pas craindre les esprits des ancêtres ou quelque autre esprit. Et nous devons rechercher la sagesse de Dieu ».

« Qu'a dit alors ton père au chef de Katunda ? » demanda Moïse à Robert.

Robert répondit : « Il lui a demandé si leurs ancêtres leur avaient laissé une forêt. Il n'en avait vu aucune dans les environs.

« 'Oh oui, a répondu le chef. Ils nous avaient laissé une forêt tout à fait grande'. Il a pointé le doigt vers l'endroit où se trouvait la forêt, au bas de la colline dans la prairie, là où se trouvait jadis la source. 'Mais nous avons abattu la forêt pour faire des jardins afin de produire plus de vivres', a-t-il dit.

« Mon père lui a dit: 'Je suis convaincu que vos ancêtres étaient sages. Ils savaient que la forêt était utile. Ils savaient que d'une façon ou d'une autre, la forêt était nécessaire pour conserver l'eau de la source. Ils vous l'ont laissée afin que vous en preniez soin. Mais vous l'avez entièrement abattue'.

« Le chef a reconnu que cela était vrai. Mais il a expliqué

qu'ils avaient besoin de la terre sur le flanc de la colline et dans la vallée pour produire plus de vivres. Ainsi, ils avaient abattu toute la forêt.

« Mon père a dit au chef que la Parole de Dieu dit que là où il n'y a pas d'arbres, il n'y a ni pluie ni eau. Il a ensuite suggéré qu'ils tentent une expérience, en faisant repousser la forêt sur le flanc de la colline et à travers toute la prairie. Ils verraient alors si la source reviendrait ».

« Pourquoi leur a-t-il suggéré cela ? » demanda Moïse.

« Parce qu'il existe une relation étroite entre la forêt et la source d'eau », répondit Robert. Je vais vous l'expliquer. J'enseigne cela aux élèves dans notre école.

La relation entre la forêt et les sources d'eau

« Nous avons souvent d'abondantes pluies. Lorsque la pluie tombe sur les arbres dans la forêt, elle ne tombe pas directement sur le sol. Elle tombe sur les feuilles et une partie descend par les branches jusqu'au tronc de l'arbre. Cette eau descend par le tronc et entre dans le sol. Elle suit les racines de l'arbre dans les profondeurs du sol.

« Une grande partie du reste de l'eau de pluie tombe doucement des branches sur le sol. Elle descend également dans la terre et suit les racines en profondeur. Les racines de l'arbre absorbent une partie de cette eau, et la fait remonter dans l'arbre pour sa croissance. Le reste de cette eau s'infiltre dans la terre jusqu'à atteindre les roches dans la profondeur du sol. Elle ne peut pas aller en profondeur au-delà des roches, car elle ne peut pas les traverser. Elle coule maintenant sur la surface des roches souterraines. Elle coule vers le pied de la colline d'où elle sort par la source ».

« Tu veux dire que l'eau qui sort de la source vient de la pluie ? » demanda Moïse.

« C'est exact, dit Robert. Ce sont les arbres et la forêt qui aident cette eau de pluie à s'infiltrer dans les profondeurs de la terre.

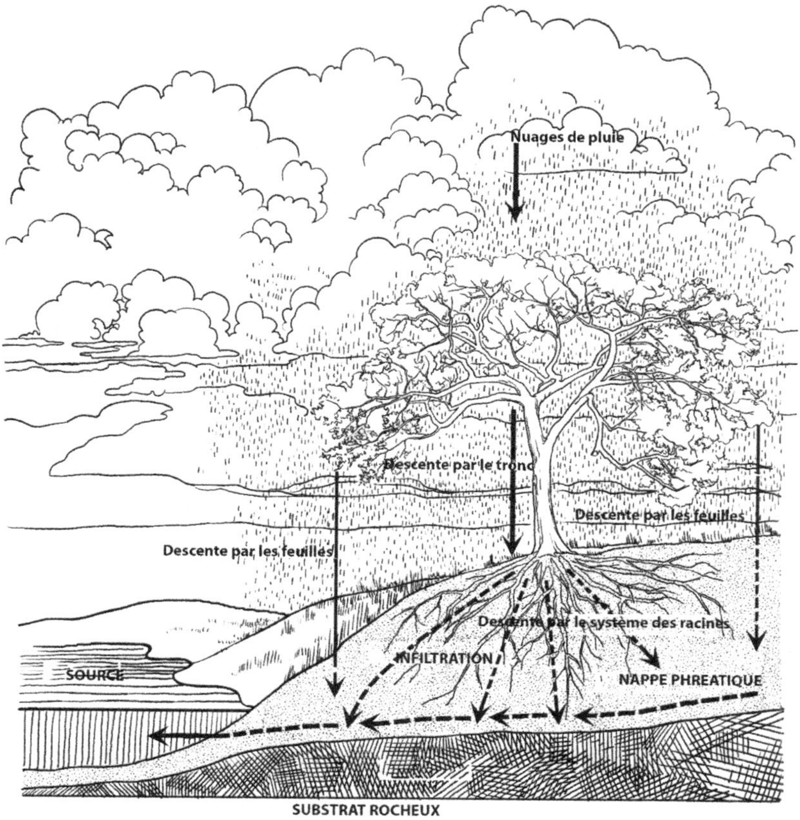

Comment les arbres aident la pluie à réapprovisionner l'eau de la source.

Cette eau s'écoule ensuite sur les roches souterraines jusqu'à la source. Nous appelons cette eau profonde nappe phréatique. C'est cette eau qui permet à la source de continuer de couler ».

« Moïse, ceci est très important pour que tu comprennes, dit le pasteur Simon. Si nous abattons la forêt, la pluie tombera sur la terre et frappera le sol dur. Il n'y a rien sur le sol pour retenir cette eau. Ainsi, cette eau s'écoule rapidement du sommet de la colline vers la vallée et elle disparaît. Très peu d'eau s'infiltre dans le sol pour atteindre l'eau profonde qui ressort par la source ».

« Tu veux dire que s'il n y a pas de forêt, il y aura peu d'eau à la source ? » demanda Moïse.

« C'est exact, dit le pasteur Simon. Sans la forêt, l'eau de pluie n'a aucun moyen de s'infiltrer dans le sol et remplir la nappe phréatique au fonds de la terre. La source peut alors se dessécher totalement ».

« C'est peut-être cela notre problème, dit Moïse. Il ne nous reste qu'une très petite forêt. Il y a de nombreuses années de cela nous avions une grande forêt. Mais nous en avons abattu une grande partie. Nous voulions faire des champs pour produire des vivres. Nous avons abattu des arbres pour le combustible. Nous en avons aussi abattu beaucoup d'autres pour construire nos maisons. Nous n'avons presque plus de forêt maintenant pour nous ou pour nos enfants ».

« Où se trouvait votre forêt ? » demanda le pasteur Simon.

« C'était sur le flanc de la colline, descendant jusqu'à la vallée où se trouve notre source. Cette colline est maintenant presque nue », répondit Moïse.

« Vous devez alors faire ce que les habitants du village de Katunda ont fait », dit le pasteur Simon.

Katunda a maintenant une eau abondante

« Les gens de Katunda ont-il accepté la suggestion de ton père ? » demanda Moïse.

« Oh oui, dit Robert. Quelques années plus tard, il est retourné dans leur village. Il a vu qu'ils avaient une belle forêt qui se dressait dans cette vallée. Pour leur grand bonheur, la source était revenue. Ils en tiraient de l'eau pure et abondante».

« Incroyable! dit Moïse. Je me demande si les ancêtres savaient cela ».

« Il est peu probable que nos ancêtres étaient au courant de la nappe phréatique et de comment les eaux de pluie pénètrent le sol. Mais ils savaient certainement l'importance de la forêt. Je suppose qu'ils savaient que la forêt avait quelque chose à voir avec les sources d'eau. ».

Moïse demanda alors au pasteur Simon : « Pourrais-tu venir dans mon village la semaine prochaine ? J'aimerais que tu expliques aux gens ce que vous venez juste de me dire. Nous pourrons ensuite discuter avec eux de comment nous pouvons restaurer notre forêt ».

La restauration de la source d'eau à Malenga

Le pasteur Simon accepta l'invitation. La semaine suivante, il se rendit à Malenga pour rencontrer la population. Moïse avait demandé aux anciens du village et aux responsables des femmes de se réunir pour parler de leur problème de pénurie d'eau. Le pasteur Simon leur raconta l'histoire du père de Robert concernant le village de Katunda. Il expliqua comment la source y avait tari après que les gens ont abattu toute leur forêt. Mais maintenant ils avaient fait repousser la forêt. Une fois de plus, l'eau sortait de leur source.

Moïse s'adressa alors au groupe et leur dit qu'ils devaient faire la même chose. Ils doivent établir les règles suivantes à être respectés par tout le monde :

1. Personne ne pourrait brûler la colline qui est au-dessus de la source, ou les champs dans la vallée.
2. Personne ne pourrait cultiver à quelque endroit que ce soit sur cette colline ou autour de la source.
3. Lorsque de jeunes arbres commenceront à pousser, personne ne doit en abattre aucun.

4. Lorsque les arbres deviendront grands, personne ne pourrait couper les branches de ces arbres.
5. Toute cette zone doit rester entièrement intacte jusqu'à ce que les arbres deviennent grands et que la véritable forêt soit reconstituée.

Cependant, quelques-uns des anciens n'étaient pas contents de cela. L'un d'entre eux dit que s'ils restauraient leur forêt, des gens d'autres villages avoisinants y entreraient et abattraient des arbres. D'autres désapprouvèrent. « Nous savons tous quelle terre appartient à quel village. Nous continuons à respecter cela. Personne n'osera entrer pour déranger notre forêt ».

Un autre ancien suscita un autre problème différent. Chaque partie de la colline appartient à une famille différente. Chaque famille a besoin de cette terre pour planter des cultures, parce que les autres champs sont devenus infertiles. Ces familles n'accepteront pas de faire pousser la forêt.

Moïse expliqua comment la terre autour du village de Katindi était redevenue fertile. Il y avait été et avait vu ce que le pasteur Simon et les gens de Katindi avaient fait. Il raconta comment ils avaient planté l'acacia et le faux mimosa qui ont rendu la terre fertile. Il expliqua la rotation des cultures. Il parla aux anciens des trous zaï. Il leur dit que s'ils voulaient faire toutes ces choses, ils pourraient utiliser la terre au sommet de la colline ainsi que les champs environnants. Il ne serait pas nécessaire d'utiliser le flanc de la colline au-dessus de la source.

Le pasteur Simon lut alors Esaïe 41.17 -19.

> *Les malheureux et les indigents cherchent de l'eau, et il n'y en a point ; leur langue est desséchée par la soif. Moi, l'Eternel, je les exaucerai ; moi, le Dieu d'Israël, je ne les abandonnerai pas. Je ferai jaillir des fleuves sur les*

collines. Et des sources au milieu des vallées ; je changerai le désert en étang, et la terre aride en courants d'eau ; je mettrai dans le désert le cèdre, l'acacia, le myrte et l'olivier; Je mettrai dans les lieux stériles le cyprès, l'orme et le buis, tous ensemble ;

Il leur dit comment Dieu avait donné l'ordre à l'homme et la femme de dominer sur la terre. Ils pouvaient utiliser la terre pour planter des cultures pour leur nourriture. Mais ils devaient prendre soin d'elle, et protéger la terre et les forêts. Il les encouragea à faire ce que Moïse leur avait dit de faire. Il les assura que Dieu allait bénir leur terre et qu'il y aurait de l'eau abondante à leur source.

Les responsables de Malenga passèrent un certain temps à discuter de cela. Ils donnèrent leur accord pour le règlement que le chef Moïse leur avait annoncé. Ils dirent qu'ils allaient informer tous les gens. Ils prièrent ensemble en demandant à Dieu la sagesse pour enseigner les gens. Ils demandèrent aussi du courage pour appliquer ces règlements. Moïse et les dirigeants demandèrent à Dieu de leur donner beaucoup d'eau à la source.

Questions d'étude

1. *Etudiez Esaïe 41.17 – 19.*
   - *Pourquoi le pauvre et le nécessiteux n'ont-ils pas d'eau ?*
   - *Qu'est ce qui devait se produire pour faire couler les fleuves et faire apparaître des cours d'eaux ?*
   - *Qui fait pousser les arbres ?*
   - *Qui doit faire le travail pour les aider à croître ?*
2. *Pourquoi les arbres et la forêt sont-ils importants pour les sources d'eau ?*

3. *D'où vient l'eau de la source ?*

4. *Comment les eaux des pluies parviennent-elles à s'infiltrer profondément dans le sol et ensuite atteindre la source ?*

5. *Que se passe-t-il lorsqu'il n'y a pas de forêt ?*

6. *Quelles sont les raisons pour lesquelles nous avons autant abattu la forêt?*

7. *Que doit faire une communauté pour restaurer la forêt dans une certaine zone ?*

8. *Pourquoi est-il important d'obéir aux commandements de Dieu pour protéger la terre qu'il nous a donnée ?*

CHAPITRE 20

Des agriculteurs et des éleveurs de bétail

Le pasteur Simon lut soigneusement la lettre. Il appela Virginie et à deux ils en discutèrent. La lettre provenait des dirigeants d'un grand groupement d'églises très éloigné. Ils avaient des églises locales dans plusieurs communautés, et la plupart des membres étaient des agriculteurs. Cependant, il y avait dans la même zone un autre groupe de gens qui avaient de grands troupeaux de bétail. Ces gens se déplaçaient d'un lieu à un autre à la recherche de pâturage pour le bétail. Leur bétail entraient souvent dans les champs et les jardins des agriculteurs et détruisaient les cultures. De nombreux conflits avaient éclaté entre les agriculteurs et les éleveurs de bétail. Les dirigeants des églises avaient appris ce que le pasteur Simon faisait avec les agriculteurs aux alentours de Katindi. Ils lui demandaient de venir leur donner des conseils sur ce qu'ils devaient faire pour protéger leurs champs contre les bestiaux.

Virginie suggéra qu'il aille leur rendre visite pour voir leur situation. Son neveu Jean pourrait l'accompagner. Elle fit savoir que Jean avait un ami proche, Caleb, qui était enseignant à l'école agricole. Caleb enseignait sur le bétail, et il pourrait peut-être les accompagner.

Deux mois plus tard, le pasteur Simon, Jean et Caleb arrivèrent dans le grand village de Turgan pour rencontrer les dirigeants de ce groupement d'églises. Les dirigeants accueillirent chaleureusement Simon et les deux autres hommes et firent savoir combien leur visite les réjouissait.

Le jour suivant, le pasteur Simon, Jean et Caleb tinrent une réunion avec les responsables durant toute la journée. Plusieurs agriculteurs de la localité vinrent à la rencontre. Les agriculteurs leur dirent comment ils essayaient d'empêcher les animaux d'entrer dans leurs champs. Ils avaient construit des clôtures avec des bâtons et des lianes. Mais ils n'avaient pas d'argent pour acheter du matériel de clôture cher pour tous leurs champs. Ils avaient discuté avec les responsables des groupes d'éleveurs de bétail. Ils avaient insisté à ce qu'ils veillent sur leurs troupeaux et fassent en sorte qu'ils n'entrent pas dans leurs champs. Mais le bétail continuait d'envahir fréquemment leurs champs, et souvent des querelles éclataient. Parfois il y avait des morts.

Le pasteur Simon, Jean et Caleb visitèrent les champs de plusieurs agriculteurs autour de Turgan. Ils constatèrent que ces agriculteurs avaient besoin d'appliquer certaines des pratiques que les gens de Katindi utilisaient. La terre semblait stérile. Personne n'avait planté des arbres autour des champs. Les cultures avaient l'air en piteux état. Ils virent seulement quelques clôtures qui n'étaient pas solides. Le pasteur Simon proposa aux responsables des églises d'y passer quelques jours pour enseigner aux agriculteurs ce qu'ils avaient appris à Katindi. Les responsables étaient contents d'organiser une conférence d'agriculteurs de trois jours. Jean resterait pour assurer cette formation.

Pendant ce temps, le pasteur Simon et Caleb allèrent rendre visite aux responsables du groupe d'éleveurs nomades. L'un des hommes de la localité alla avec eux pour servir d'interprète. Cet homme présenta Simon et Caleb aux responsables. Il leur expliqua que ces visiteurs venaient d'une autre partie du pays assez loin. Les gens là-bas avaient des difficultés pour trouver assez de nourriture à manger. Mais le pasteur avait découvert des voies par lesquelles les gens pouvaient produire plus de vivres. Aujourd'hui, ils vivaient mieux. Il avait appris que les gens d'ici avaient également des difficultés pour avoir assez de vivres. C'est la raison pour laquelle il était venu voir s'il pouvait les aider.

Les dirigeants répondirent qu'ils élevaient du bétail, qu'ils n'étaient pas des agriculteurs. Ils demandèrent ce que le pasteur Simon connaissait en matière de bétail. Le pasteur Simon leur présenta Caleb et dit qu'il connaissait beaucoup de choses sur le bétail. Caleb demanda alors s'il pouvait voir certains de leurs bestiaux. Les responsables acceptèrent.

Les responsables montrèrent à Caleb leurs troupeaux. Caleb admira leurs vaches et dit que beaucoup d'entre elles avaient l'air d'être en bonne santé. Il vit beaucoup de chèvres qui avaient bonne mine. Mais il vit également des vaches et des chèvres qui étaient maigres et d'autres paraissaient mêmes malades. Mais, il n'en parla pas sur le champ. Après avoir passé plusieurs heures à regarder les troupeaux, les hommes retournèrent dans la communauté. Les responsables acceptèrent de se réunir avec Caleb et Simon le jour suivant pour parler de leur bétail.

Le matin suivant, vingt éleveurs de bétail se réunirent avec Caleb et Simon. Ils s'assirent en cercle sous un grand acacia. Caleb les félicita pour le grand nombre de vaches et de chèvres qu'ils avaient. Il pointa le doigt vers un grand troupeau qui était tout près et dit que beaucoup d'entre eux paraissaient en bonne santé. Il demanda : « Vos vaches et vos chèvres vous rapportent-elles beaucoup d'argent ? »

L'un des éleveurs répondit : « Nous ne tuons pas nos bêtes souvent. Il leur faut beaucoup de temps pour grossir. Beaucoup d'entre elles ne sont jamais assez grasses pour être tuées pour la viande ».

Caleb demanda : « Quels sont les problèmes que vous avez avec vos bestiaux? »

Le chef répondit : « Nos vaches tombent souvent malades. Nous ne savons pas comment les soigner. Beaucoup d'entre elles meurent. De plus, nous ne pouvons pas trouver assez d'herbe pour tous nos troupeaux. Souvent, nous devons aller très loin pour trouver de l'herbe pour les nourrir. Les pluies ne tombent plus comme c'était le cas il y a des années de cela. Nous ne savons pas pourquoi il en est ainsi. Mais nous savons quand même que c'est pour cette raison que l'herbe ne pousse plus bien.

Un autre éleveur prit la parole: « Nous avons beaucoup de problèmes avec les agriculteurs dans cette zone. Ils continuent d'essayer de nous prendre plus de terres de pâturage. Ils disent qu'ils ont besoin de champs plus grands. Nous avons souvent des querelles avec eux parce qu'ils sont en train de nous arracher nos pâturages ».

Caleb prit encore la parole: « Hier, j'ai effectivement vu beaucoup de vaches qui paraissaient malades. Je peux vous dire de quoi elles souffrent. Il est tout à fait facile de traiter cette maladie. En fait, j'ai amené quelques médicaments qui aideront les vaches malades à guérir ».

Les éleveurs étaient contents. « Pouvez-vous les soigner maintenant ? » demandèrent-ils.

« Nous pouvons les soigner maintenant, répondit Caleb. Mais j'aimerais les soigner avec vous ».

« Qu'est-ce que vous voulez dire ? » demandèrent-ils.

Caleb dit : « J'aimerais enseigner certains d'entre vous comment reconnaître les différentes maladies de vos animaux. Puis, je vous montrerai quels médicaments utiliser contre ces maladies. Je vous enseignerai comment administrer le médicament. Puisque je ne peux pas rester ici pendant longtemps, vous serez capables de soigner les bestiaux vous-mêmes. Vous pouvez choisir quelques jeunes gens que je peux former ».

« Où pouvons-nous trouver les médicaments ? » demandèrent-ils.

« Il y a des magasins dans le chef-lieu du district qui vendent des médicaments pour bétail, répondit Caleb. Nous avons acheté certains médicaments dans ces magasins en venant ici. Vous pourrez les acheter là-bas dès que vous saurez de quels médicaments vous avez besoin pour soigner vos bestiaux malades ».

Caleb poursuivit: « J'ai vu une autre maladie parmi vos bestiaux qui peut être prévenue. Nous avons un vaccin qui peut préserver vos vaches contre cette grave maladie. J'ai avec moi quelques vaccins et je peux enseigner à vos jeunes gens comment vacciner tout votre bétail ».

« Nous sommes très pauvres, répondit le chef. Nous n'avons pas d'argent pour acheter des médicaments ».

Caleb demanda au pasteur Simon de leur parler de cela. Ils se tournèrent tous vers le pasteur pour l'écouter.

« Dans notre communauté de Katindi, commença Simon, nos gens étaient également pauvres. Nous n'avions pas d'argent pour acheter les choses dont nous avions besoin pour produire plus de vivres. Cependant, nous nous étions tout de suite rendu compte que nous pouvions faire beaucoup de choses qui ne coûtaient pas beaucoup d'argent pour améliorer la terre. Lorsque nous avons fait ces choses, nous avons commencé à avoir plus de vivres. Nous pouvions même vendre la nourriture supplémentaire. Cela nous a rapporté de l'argent que nous pouvions utiliser pour acheter d'autres choses qui pouvaient nous aider à produire encore plus de vivres ».

« Que pouvons-nous faire ici ? », demandèrent les éleveurs.

Le pasteur Simon répondit : « Vous avez quand même quelques vaches qui sont assez grasses. Elles peuvent produire beaucoup de viande. Lorsque nous avons rencontré les agriculteurs de Turgan la semaine dernière, ils ont dit qu'ils n'arrivaient pas à avoir beaucoup de viande à manger. Je crois que si vous les informiez que vous abattriez quelques vaches ici, ils viendraient acheter de la viande. Vous auriez ainsi de l'argent pour les médicaments dont vous avez besoin pour vos bestiaux ».

Le chef dit : « Vous nous avez donné de bonnes idées. Nous allons en discuter. Cet après-midi, nous tiendrons une autre réunion avec vous pour en discuter davantage ».

Cet après-midi-là, le groupe se réunit encore avec le pasteur Simon et Caleb. Le chef présenta à Caleb six jeunes gens. « Voici les jeunes gens que vous pouvez former sur comment soigner nos bestiaux malades, dit-il. Vous pouvez aussi leur enseigner comment vacciner le bétail ».

Un vieil homme prit la parole. « Pasteur Simon, beaucoup d'agriculteurs ne nous aiment pas. Si nous essayons de leur vendre de la viande, ils ne l'achèteront pas, parce qu'ils ne nous font pas confiance. Pouvez-vous nous aider en ce sens ? »

« Oui, je crois bien que oui, répondit le pasteur Simon. Nous avons passé quelques jours avec les responsables des agriculteurs. Ils ont confiance en moi. Lorsque je vais leur expliquer ce dont nous venons de discuter ici, ils seront contents. Ils veulent vivre en paix avec vous. Caleb peut soigneusement examiner les vaches que vous allez abattre pour la viande. S'il les rassure que les vaches sont en bonne santé, ils achèteront la viande ».

Cela rendit les éleveurs contents. Caleb leur dit qu'il voudrait aller auprès des troupeaux avec les jeunes gens pour commencer à soigner les vaches malades.

Une semaine plus tard, le pasteur Simon était de retour à Turgan auprès des dirigeants d'églises. Jean avait fini les trois jours d'atelier sur les bonnes méthodes de faire l'agriculture. Le pasteur Simon était heureux de voir des gens qui commençaient déjà à appliquer certaines des choses que Jean leur avait enseignées. Certains avaient commencé à semer des graines d'acacia autour de leurs champs. D'autres entassaient du compost pour l'utiliser dans leurs jardins. Il vit trois familles qui avaient construit de petits abris pour des pépinières en vue de faire pousser des jeunes arbres.

Le jour suivant, trois éleveurs de bétail vinrent à Turgan et demandèrent à voir le pasteur Simon. Ils lui expliquèrent qu'ils voulaient amener quelques vaches la semaine suivante dans le village pour les abattre et en vendre la viande. « En as-tu parlé aux gens d'ici ?» lui demandèrent-ils.

Le pasteur Simon les conduisit chez le pasteur principal de l'église et également chez le maire de la localité. Il leur présenta ces éleveurs et leur expliqua ce qu'il avait fait parmi les éleveurs. Il leur dit que Caleb continuait à travailler parmi eux. Il examinerait soigneusement les vaches qu'ils voudraient amener ici pour les abattre et en vendre la viande. Le maire insista qu'un inspecteur de l'Etat inspecte ces vaches avant leur abattage. Il devrait certifier qu'elles sont en bonne santé avant qu'elles ne soient abattues pour la viande. Simon, à travers l'interprète, expliqua aux éleveurs que cela irait bien. Il dit qu'avec des vaches en bonne santé, les gens pourraient acheter de la bonne viande. Cela aiderait à bâtir la confiance entre les deux groupes.

Deux semaines plus tard, le pasteur Simon retourna pour visiter les éleveurs de bétail. Jean alla avec lui. L'abattage de dix vaches à Turgan s'était très bien déroulé. Les agriculteurs étaient contents d'acheter de la viande, et les éleveurs s'en étaient retournés avec beaucoup d'argent. Caleb était toujours auprès des éleveurs. Les jeunes gens apprenaient rapidement comment reconnaître et soigner les maladies courantes chez le bestiaux. Ils avaient également vacciné trois milles vaches.

Le chef invita un grand groupe d'éleveurs pour tenir une réunion avec le pasteur Simon et Caleb. Certains d'entre eux venaient d'assez loin. Ils connaissaient tous le problème de trouver assez de prairies comme pâturages. Ils savaient aussi que même les autorités n'étaient pas contentes de leur errance perpétuelle. Leurs troupeaux errants causaient beaucoup de problèmes avec des agriculteurs à plusieurs endroits. C'est pourquoi ils voulaient en parler avec le pasteur Simon et Caleb ».

Le pasteur Simon commença : « Au commencement, Dieu a créé le monde. C'était un monde merveilleux. Il était couvert de forêts et de prairies, d'abondantes sources d'eau, de lacs et de fleuves. Il y avait des bestiaux et des animaux sauvages partout, et ils avaient de l'herbe en abondance pour leur nourriture. Puis, Dieu a créé l'homme et la femme. Il leur a dit de dominer sur la terre et les animaux. Il leur a dit également de bien prendre soin des choses merveilleuses qu'il avait créées pour eux. Avez-vous déjà entendu cette histoire ? »

L'un des éleveurs répondit : « Oui, nous savons que Dieu a créé toute chose et que tout était bon. Mais l'homme a fait quelque chose qui a mis Dieu en colère. Ainsi, il l'a abandonné et s'est éloigné de lui. C'est pourquoi nous avons de grandes difficultés pour avoir la sagesse de Dieu ».

Le pasteur Simon poursuivit : « Oui, je sais que l'homme a désobéi à Dieu. Mais Dieu a trouvé des hommes avec qui il pouvait parler et leur a donné ses instructions. Moïse était l'un de ceux-là, qui a écrit ce que Dieu lui a dit. Dieu lui a dit que si les hommes obéissent aux lois de Dieu et suivent ses instructions, ils auront une bonne vie. Cela les aidera à avoir du bétail et de la nourriture. Cela les aidera aussi à vivre ensemble en paix.

« Nous aimerions en savoir davantage », dirent plusieurs éleveurs.

Le pasteur Simon poursuivit : « Dieu nous a donné l'intelligence, exactement comme lui-même est intelligent. Il a dit à l'homme d'étudier la terre et les animaux et de dominer sur eux. C'est ce que nous faisons à Katindi. Cela nous a beaucoup aidés. Dieu veut que nous puissions planifier comment bien utiliser les forêts ainsi que la terre. Dieu lui-même planifie. Ce monde dans lequel nous vivons, est le résultat de Dieu et de son plan. Mais comme vous le dites, nous avons désobéi à Dieu. Nous avons ainsi beaucoup de difficultés. Nous ne dominons pas convenablement sur la terre, la forêt, ainsi que les animaux. Nous avons beaucoup détruit la forêt. Comme résultat, nous n'avons plus beaucoup de pluies. Nous avons laissé la terre devenir stérile qui ne produit plus suffisamment de vivres. Mais maintenant à Katindi, nous étudions la terre et la forêt, et nous découvrons comment les restaurer. Nous découvrons aussi comment nous pouvons tous travailler ensemble pour aider les nombreuses communautés autour de nous ».

« Que devons-nous alors faire pour trouver assez d'herbe pour notre bétail ? » demanda l'un des hommes.

« Jusqu'à présent, dit le pasteur Simon, vous avez laissé la nature dominer sur vous. Vous amenez votre bétail là où se trouve de l'herbe. Lorsque l'herbe finit, vous essayez d'en trouver quelque part d'autre. Votre bétail et vous dépensez beaucoup d'énergie juste pour marcher et chercher plus d'herbe. Maintenant, Caleb et moi allons vous montrer comment avoir de la bonne herbe sans errer pour la trouver ».

« Parlez-nous en » dirent ils.

Caleb prit alors la parole : « Vous pouvez faire deux choses, dit-il. La première est d'améliorer vos pâturages. Il y a certaines herbes que vous pouvez planter et qui peuvent bien pousser. Elles peuvent procurer de la bonne nourriture au bétail et rendre la terre fertile. Un exemple d'herbe est le passepalum. Un autre est le stylosanthes. Nous pouvons dans notre école agricole, vous aider à trouver ces herbes ».

« Tu veux dire que si nous plantons ces herbes, nous ne ferons plus des déplacements avec nos troupeaux pour en chercher ? » demandèrent-ils.

« Exactement, dit Caleb. Je vais maintenant vous dire une deuxième façon. Pendant la saison des pluies, les herbes poussent bien. Certaines de ces herbes peuvent être coupées, séchées et stockées pour nourrir le bétail durant la saison sèche quand il y a peu d'herbe. De cette façon, vos bestiaux peuvent rester là où ils sont. Vous les nourrissez de l'herbe séchée ou foin comme nous l'appelons. Le bétail peut maintenant s'engraisser assez rapidement. Ils n'utiliseront pas beaucoup d'énergie pour parcourir plusieurs kilomètres pour chercher de l'herbe. Ils auront de l'herbe à l'endroit où ils sont ».

Le chef prit la parole: « Caleb, nous ne savons pas comment planter ce genre d'herbe. Nous ne sommes pas des agriculteurs ».

Jean dit : « Je suis en train de travailler avec les agriculteurs autour de Turgan. Ils sont en train d'apprendre comment rendre leur terre meilleure. Bientôt, elle produira plus de vivres. Ils n'auront alors pas besoin de beaucoup de terres pour leurs champs. J'ai aussi discuté avec eux concernant la culture d'herbe pour faire du foin pour le bétail. Ils n'avaient jamais entendu parler de cela, mais ils ont dit qu'ils le feraient si quelqu'un voulait l'acheter. Ainsi, les agriculteurs pourraient cultiver de l'herbe et vous la vendre afin de nourrir votre bétail ».

« Mais nous ne pouvons pas acheter de l'herbe pour notre bétail!, s'exclamèrent plusieurs d'entre eux. L'herbe est gratuite et elle vient de Dieu ».

« Quelque chose d'autre vient également de Dieu, répondit Jean. Dieu nous a donné des instructions sur comment vivre ensemble en paix et nous entraider. Pensez-y. Vous venez juste de vendre beaucoup de viande aux agriculteurs et ils vous ont payé de l'argent. Ils m'ont demandé si vous pourriez y retourner et leur vendre plus de viande. Vous avez ainsi une merveilleuse façon de gagner de l'argent pour acheter de l'herbe séchée ou foin pendant la saison sèche. Vous serez également en mesure d'acheter des médicaments pour votre bétail. Vous vendez donc de la viande aux agriculteurs et eux vous vendront du foin ».

Caleb ajouta sitôt: « Vous pouvez aussi leur vendre quelque chose d'autre dont ils ont besoin. Vous pouvez leur vendre le fumier de votre bétail. Les agriculteurs en ont besoin pour que leur terre produise plus de vivres ».

Le pasteur Simon sourit alors et prit encore la parole: « Mes chers amis, je crois que nous sommes en train de trouver une certaine sagesse réelle ici. Dieu veut que tous les gens vivent ensemble et s'entraident. Pendant de très nombreuses années, vous éleveurs avez connu des difficultés avec les agriculteurs. Vous vous êtes battus à cause de la terre. Ils ont besoin de la terre pour leurs champs afin de produire des vivres. Vous vous en avez besoin pour l'herbe en vue de nourrir vos bestiaux. Maintenant, nous voyons comment vous pouvez apprendre à vivre ensemble, vous faire mutuellement confiance et vous entraider. Les agriculteurs produisent le foin dont vous avez besoin et vous le vendent. Vous leur vendez de la viande et du fumier comme engrais. Vous vivez ainsi pacifiquement les uns avec les autres, et toutes les deux communautés auront une vie meilleure ».

Deux mois plus tard, une grande réunion eut lieu à Turgan. Le Commissaire de district y prit part avec plusieurs de ses collaborateurs. Le maire de Turgan, les responsables de la communauté et de l'église étaient aussi là. Le chef et plusieurs responsables des éleveurs étaient venus. Le Commissaire de district s'adressa à eux tous et un homme interprétait son discours pour les éleveurs.

« Je voudrais vous remercier tous d'être venus aujourd'hui. C'est un jour important dans la vie de notre district. J'ai reçu des rapports des agriculteurs tout autour de Turgan ainsi que des éleveurs de bétail à l'est, que vous voulez vivre ensemble dans la paix. Vous fournirez chacun des choses dont les autres ont besoin et vous leur vendrez ces choses ».

Tout le monde acquiesça, et le Commissaire poursuivit: « Ce que nous devons faire maintenant est de déterminer officiellement quelles terres seront mises à part pour vous les agriculteurs, et quels prairies seront mises à part pour vous les éleveurs. Je demande donc, à chaque groupe de designer quatre personnes qui se réuniront avec moi afin de déterminer les limites entre les prairies et les champs.

« Avant de terminer, je voudrais remercier vivement le pasteur Simon ainsi que son neveu Jean et l'enseignant Caleb qui sont venus de loin pour aider en cette matière. Vous trois, avez montré aux gens d'ici comment Dieu nous a instruit de produire des vivres et d'élever du bétail ensemble. Vous nous avez montré comment vivre en paix et nous aider les uns les autres. Nous sommes reconnaissants pour la sagesse que Dieu vous a donnée. Nous vous remercions d'avoir donné trois mois de votre temps, pour vivre parmi nous et nous montrer comment vivre ensemble ».

La semaine suivante, les responsables des agriculteurs ainsi que ceux des éleveurs s'assirent ensemble dans le bureau du Commissaire de district. Ils se réunirent pendant plusieurs jours pour déterminer les terres réservées aux agriculteurs ainsi que celles réservées aux éleveurs. Le district désigna un inspecteur pour examiner les vaches à abattre, et un inspecteur de viande pour s'assurer que la viande était de bonne qualité. Les éleveurs préparèrent un petit endroit proche de leur communauté où les agriculteurs pouvaient venir acheter du fumier. Les éleveurs commencèrent également à fabriquer des chariots que leur bêtes allaient tirer pour transporter du foin depuis les communautés d'agriculteurs vers les communautés d'éleveurs.

Questions d'étude

1. *Pourquoi les éleveurs et les agriculteurs se disputaient-ils fréquemment ?*
2. *De quelle façon les agriculteurs pouvaient-ils aider les éleveurs tout en y gagnant de l'argent ?*
3. *De quelle façon les éleveurs pouvaient-ils aider les agriculteurs tout en y gagnant de l'argent ?*
4. *Comment ceci pourrait-il mettre fin aux conflits et aider les gens à vivre ensemble dans la paix ?*
5. *Comment la Parole de Dieu a-t-elle aidé dans le processus de réconciliation ?*
6. *Comment les autorités administratives ont-elles contribué au processus ?*

CHAPITRE 21

L'agriculture, les églises et la Bible

La remise de diplômes

Le temps de la célébration était venu. Jean terminait ses études à l'école agricole. Pendant trois ans il avait travaillé et étudié dur. Il avait bien réussi ses examens. Il devait maintenant recevoir son diplôme avec mention. Ses professeurs étaient impressionnés par le bon travail de terrain qu'il avait fait. Ses rapports sur ses voyages à Katindi et son travail dans les communautés de là-bas lui avaient permis d'obtenir de bonnes cotes.

Le pasteur Simon et Virginie se rendirent à la cérémonie de remise de diplômes. Ils étaient très fiers de ce que Jean avait accompli. Ils se réjouirent avec Jean et nombreux de ses amis. Ils remercièrent Dieu pour tout ce que Jean avait accompli.

Le retour à Katindi

Après la cérémonie de remise de diplômes, Jean retourna chez eux à Katindi avec le pasteur Simon et Virginie. Deux années s'étaient écoulées depuis qu'il y avait été et avait travaillé avec son oncle dans les communautés autour de Katindi. Il était très impatient de voir les types de changements qui s'étaient opérés.

Jean fut ravi de ce qu'il vit à Katindi. Ils venaient de finir une merveilleuse récolte. Les greniers étaient remplis de mil, de maïs et d'arachides. Des jardins potagers se présentaient bien autour de plusieurs maisons. Les collines autour de Katindi étaient couvertes de verdure et il pouvait y voir de jeunes arbres en croissance. Il vit un nouvel atelier de menuiserie, un homme qui reparaît des bicyclettes, et des femmes qui vendaient des pains. Ils étaient tous heureux et saluaient Jean chaleureusement.

Il se promena avec le pasteur Simon autour des nombreux champs des gens. Autour de chaque champ, il y avait des rangées d'arbres magnifiques. Les gens émondaient fréquemment les arbres. On était alors en saison sèche et il n'y avait pas de cultures dans les champs. Jean pouvait voir que le sol était couvert des tiges et des rampantes des récentes cultures. Cela constituait du bon paillis et protégeait également le sol contre le soleil. Il vit aussi que les gens avaient compris les bonnes pratiques agricoles et qu'ils les suivaient.

Visite à Malenga

Une nuit, au cours du dîner, Jean demanda : « Oncle Simon, comment vont les choses à Malenga ? »

Le Pasteur répondit : « Demain, nous pouvons aller visiter Malenga. Je crois que tu seras heureux de ce que tu verras. J'enverrai un message à Moïse le chef que nous venons ».

Le jour suivant, Jean et le pasteur Simon allèrent à pied à Malenga. Moïse et plusieurs des anciens de la communauté les saluèrent chaleureusement. Ils félicitèrent Jean pour l'obtention de son diplôme à l'école agricole. « Tu seras un très bon agriculteur », dirent-ils.

Ils s'assirent ensemble en cercle sous un buisson de bougainvillier au port étalé. Certaines des femmes les rejoignirent, apportant du thé. Jean leur demanda comment étaient leurs champs et s'ils avaient assez à manger.

Moïse eut un large sourire. « Jean, répondit-il, grâce à ce que ton oncle nous a montré, nous avons de la nourriture en abondance. Nos champs produisent bien et nous-mêmes nous portons bien. Nous n'avons plus faim, et nous menons maintenant une vie heureuse. Quand nous finirons de prendre du thé, nous ferons un tour pour vous faire voir comment nous nous portons maintenant bien ».

Quelques minutes plus tard, Moïse amena le pasteur Simon, Jean et quelques dirigeants de la communauté pour une promenade. Jean était ravi de voir beaucoup de champs avec des acacias et des faux mimosas plantés autour des limites. Les arbres avaient environs six pieds (deux mètres) de hauteur et Jean put constater qu'on les taillait régulièrement. Il vit qu'ils étalaient les branches taillées sur le sol pour en faire du paillis. Ils avaient fait de bonnes clôtures vivantes.

Beaucoup de champs avaient de nouveaux trous zaï. Dans certains champs, il vit des hommes et des femmes qui creusaient de nouveaux trous zaï.

« Ces trous zaï, vous ont-ils aidé ? » demanda Jean.

« Oui, vraiment, répondit l'un d'eux. Je les utilise cela fait maintenant deux ans. Je vous montrerai mon grenier, lorsque nous retournerons à la maison. Je vous montrerai les grands épis de mil que je viens de moissonner. Vous verrez vous-mêmes ».

Un autre homme prit la parole: « Certains de nos gens ne croient toujours pas aux trous zaï. Mais le mil qu'ils ont moissonné est quasi insuffisant. Ils disent maintenant qu'ils vont commencer à creuser des trous zaï pour la prochaine saison agricole ».

Moïse dit : « Mais bientôt, nous n'aurons plus besoin des trous zaï. Nous pouvons déjà remarquer que les arbres aux abords des champs sont en train de rendre la terre fertile. Le paillis y contribue également. Bientôt, notre sol sera fertile comme le sol dans vos champs à Katindi ».

Des pépinières pour planter des arbres

Après avoir vu beaucoup de champs à Malenga, ils retournèrent chez Moïse. Celui-ci leur montra sa pépinière derrière sa maison. Ils pouvaient voir beaucoup de jeunes plants qui poussaient à l'ombre d'un hangar.

Moïse pointa du doigt fièrement: « Voici de nouveaux arbres fruitiers que j'ai plantés. J'en planterai encore quelques-uns à côté de ces orangers et pamplemoussiers là-bas. Je pourrai également vendre de jeunes arbres fruitiers à mes voisins. Allons maintenant voir notre pépinière communautaire ».

Ils se rendirent à l'école primaire à pied. Derrière l'école se trouvait un large abri avec beaucoup de jeunes plants qui poussaient sous son ombre.

« Cela fait deux ans que nous avons fait cela, dit Moïse. Ces arbres doivent être plantés là-bas sur la colline. Voyez-vous ces ravines? C'est là où nous avons déjà planté de jeunes arbres forestiers. Ils poussent bien. Avec le retour des pluies, nous planterons également ces jeunes arbres dans ces ravines. Bientôt, nous aurons une nouvelle forêt qui remplira ces ravines, protégeant la colline contre l'érosion ».

L'un des hommes dit qu'il avait maintenant deux goyaviers, trois avocatiers, plusieurs citronniers, des bananiers et des papayers autour de sa maison. Ils auraient bientôt beaucoup de fruits à manger.

Jean et le pasteur Simon étaient très contents. « Vous faites d'excellents progrès », dirent ils. Ils retournèrent chez Moïse et s'assirent à nouveau sous le grand buisson.

Les animaux

Jean dit : « Je n'ai pas vu des chèvres ou des cochons errer dans les alentours. Il y a quelques années de cela, c'était un grand problème ».

« Oui, c'était vraiment un grand problème », répondit Moïse. Mais maintenant, nous n'avons plus ce problème. Nous avons plusieurs agriculteurs qui élèvent des chèvres et des cochons dans leurs champs dans la vallée. En repartant à Katindi, descendez dans la vallée et faites une halte au niveau du champ de Jessé. Il sera content de vous montrer sa ferme d'élevage ».

Moïse et quelques-uns des notables allèrent avec le pasteur Simon et Jean à la périphérie de la communauté. Ils remercièrent le Pasteur et Jean pour leur visite. Ils formulèrent des bénédictions à Jean et lui dirent qu'ils espéraient le voir devenir un grand agriculteur.

Des fermes d'élevage

Le Pasteur et Jean prirent un sentier pour descendre dans la vallée. Bientôt, ils arrivèrent à la porte de l'agriculteur de Malenga nommé Jessé. Ils franchirent la porte et furent impressionnés par la manière dont la ferme était bien soignée. Il y avait des haies de cactus sur les deux côtés du sentier. Il y en avait autour de la ferme. Ils virent Jessé qui travaillait en bas, près d'un cours d'eau au fond de la vallée. Jessé les vit s'approcher, il alla à leur rencontre pour les saluer. Le pasteur Simon présenta son neveu Jean à Jesse. Il dit que Jean venait juste de terminer ses études agricoles et voulait voir comment Jessé élevait ses animaux.

Jessé était ravi et il les invita à s'asseoir sur des chaises devant sa maison. Jean vit un troupeau de chèvres à l'intérieur d'une grande clôture de cactus. Jessé leur expliqua qu'il avait vingt chèvres femelles et trois béliers. Chaque année le nombre de ses chèvres augmentait, quelques fois jusqu'à cent. Il gardait les petites chèvres dans une clôture séparée, après leur sevrage. En plus de l'herbe et du fourrage qu'elles trouvaient là, il leur donnait aussi du maïs et du mil pour qu'elles grandissent rapidement. Il vendait alors les jeunes chèvres mâles ainsi que la plupart des femelles. Il gagnait assez d'argent des animaux qu'il vendait.

Jean lui demanda si les chèvres lui procuraient du lait. « Non, répondit Jessé. « Celles-ci ne sont pas des chèvres à lait. J'avais l'intention de m'en procurer. Cependant, il m'aurait fallu acheter des équipements pour traiter le lait. Vendre le lait frais demande aussi beaucoup de travail. C'est pourquoi, j'ai décidé d'élever uniquement des chèvres pour les vendre ».

« Élèves-tu d'autres animaux ? », demanda Jean.

« Ah ! oui, répondit Jessé. Venez, je vais vous montrer comment j'élève des cochons dans ma ferme au fond de la vallée ».

Ils allèrent tous ensemble au ruisseau. Jean vit une clôture vivante solide, constituée d'arbres avec des fils barbelés tendus entre les arbres. Elle entourait un champ d'environ ¼ hectare. Jean vit les tiges de mil et de maïs coupées qu'on avait cultivé juste à cet endroit. Un enclos fait de larges planches et de solides poteaux se trouvait dans le champ près du ruisseau. Il y avait deux truies, chacune dans un petit enclos. Plusieurs gorets que l'une des truies avait mis bas se trouvaient dans un autre petit enclos.

Les hommes se tinrent à l'ombre d'un arbre pour bavarder. Jessé leur expliqua comment il apportait des céréales pour nourrir les cochons, des céréales dont il produisait une grande partie dans ses champs. Il apportait aussi des déchets alimentaires de la maison. Lorsque les gorets grandissaient, il les vendait pour avoir plus d'argent.

« As-tu des vaches ? », demanda Jean.

« Non, répondit Jessé. Il est difficile de gagner de l'argent avec les vaches. Il faut avoir presque cent vaches pour gagner de l'argent. Il faut pour cela jusqu'à cinquante acres (vingt hectares ou plus) de terre. Je n'ai pas de moyens pour avoir un champ aussi grand. En outre, il me faudrait dépenser beaucoup d'argent pour acheter des médicaments contre les tiques et d'autres maladies. C'est pourquoi, j'ai décidé d'élever seulement des chèvres et des cochons ».

Lorsque Jean et le pasteur reprenaient leur chemin, Jessé dit: « Jean, c'est ton oncle qui m'a montré comment élever des chèvres pour gagner de l'argent. Puis son ami Roger m'a montré comment élever des cochons. Je suis très reconnaissant pour l'aide qu'ils m'ont apporté. Je peux maintenant bien m'occuper de ma famille. J'ai deux fils à l'école et la plupart de mes enfants iront à l'école. Je crois que j'aurai assez d'argent pour m'occuper d'eux tous ».

Ils se serrèrent la main. Le pasteur et Jean remontèrent la colline et retournèrent à Katindi. Sur le chemin de retour, Jean remercia son oncle d'avoir aidé d'une manière si merveilleuse beaucoup de gens à Katindi ainsi que dans d'autres communautés, à produire plus de vivres, à gagner de l'argent et à apprendre comment Dieu veut qu'ils vivent.

L'avenir

Quelques jours plus tard, pendant la nuit, le pasteur Simon, Virginie et Jean étaient assis devant la maison. Le ciel était clair. La lune était lumineuse et beaucoup d'étoiles brillaient. Jean dit : « Oncle Simon et tante Virginie, je vous remercie beaucoup de m'avoir aidé dans mes études. Vous avez fait beaucoup plus que le simple fait de payer ma scolarité. Vous m'avez aussi beaucoup enseigné par votre exemple. Je vois comment des gens dévoués peuvent faire la différence dans la vie.

« J'ai beaucoup réfléchi depuis que j'ai fini mes études et suis rentré à la maison. J'ai prié et demandé à Dieu de me montrer ce qu'il veut que je fasse. J'ai toujours voulu devenir agriculteur, travailler dur et gagner beaucoup d'argent. Mais, maintenant je pense à quelque chose d'autre ».

« De quoi s'agit-il, Jean ? » demanda le pasteur Simon.

« Je me souviens du jour où tu nous as raconté la parabole de Jésus à propos de trois serviteurs qui avaient reçu chacun une somme d'argent (Matthieu 25.14 – 30). Deux des hommes avaient produit le double de l'argent, et le maître était ravi. Le troisième homme avait tout simplement caché l'argent et n'avait rien fait avec.

« J'ai beaucoup appris à l'école agricole. J'ai même appris plus de vous. Vous m'avez enseigné comment pratiquer l'agriculture à la manière de Dieu. Vous m'avez montré comment enseigner les autres à faire de même. Je me suis rendu compte que 'l'argent' dans cette parabole, symbolise le savoir que nous recevons. Si nous multiplions nos connaissances en enseignant les autres, notre véritable Maître au ciel s'en réjouira.

« J'ai appris de vous combien il est important de comprendre la Parole de Dieu. Elle nous dit comment utiliser la terre et comment être un bon agriculteur. J'ai vu comment tu as, en tant que pasteur, appris ces principes et les as appliqué. J'ai aussi vu comment tu as multiplié tes connaissances en aidant les autres gens à mettre ces principes en pratique ». Il fit une pause et leva les yeux vers le ciel.

« Que penses-tu faire alors ? », demanda Virginie.

« Je pense que je pourrais aller à l'école pastorale comme vous, peut-être pour une année. Je veux apprendre davantage de la Parole de Dieu et comment enseigner d'autres gens. Par la suite, j'irai dans une communauté où je trouverai un bon champ pour y commencer une ferme. L'objectif de la ferme ne sera pas de me procurer beaucoup d'argent. Plutôt, ce sera un endroit pour apprendre à d'autres comment pratiquer l'agriculture à la manière de Dieu. J'apprendrai à d'autres personnes dans la ferme comment protéger la terre et la rendre fertile. Je montrerai aux gens comment planter différents types d'arbres. Je pourrais élever quelques animaux pour leur montrer comment le faire. En même temps, je leur enseignerai ce que Dieu dit à propos de la terre, de la forêt et de l'agriculture. Je pourrai aussi leur enseigner comment trouver la vie que Dieu veut que nous ayons».

Le pasteur Simon demeura silencieux pendant un moment. Puis il dit : « Jean, tu es comme un fils pour nous. Cela nous réjouirait énormément. Nous avons essayé d'aider les gens à pratiquer l'agriculture à la manière de Dieu, et à prendre soin de la terre ainsi que des ressources qu'il nous a données. Nous avons aidé quelques gens. Je crois que tu pourras aider beaucoup plus de gens ».

Virginie prit la parole : « Jean, tu as beaucoup appris de la science et de l'agriculture. Nous n'avons pas étudié ces choses. Nous avons simplement appris en observant ce qui se passe et en essayant d'appliquer la sagesse que Dieu nous a donnée. Tu peux maintenant combiner ce que Dieu dit, ce que la Bible dit, et ce que la science enseigne. Cela aidera beaucoup de gens à savoir comment vivre en communauté et comment pratiquer l'agriculture ».

Le pasteur Simon ajouta : « Les églises ont partout besoin de ceci. Jean, Dieu va t'utiliser pour aider les gens dans les églises partout dans le pays, à prendre soin de la création, à produire beaucoup de vivres à la manière de Dieu, et à apprendre la manière dont Dieu veut que nous vivions. Tu rendras service à beaucoup de gens ».

Il ouvrit sa Bible dans l'évangile selon Jean au chapitre 8 et dit : « Voici un conseil merveilleux que Jésus nous donne », et il lut les versets 31 et 32. Il *[Jésus] dit aux Juifs qui avaient cru en lui, 'Si vous demeurez dans ma parole, vous êtes vraiment mes disciples. Vous connaitrez la vérité, et la vérité vous affranchira'.*

« Jean, la chose la plus importante est de connaître et comprendre ce que Dieu nous enseigne, et de le mettre en pratique. Nous connaitrons alors la vérité de Dieu, et nous serons affranchis pour vivre la bonne vie que Dieu veut que nous vivions.

La terre restaurée produisant de la nourriture en abondance et offrant une base pour

Le pasteur Simon et Virginie prirent la main de Jean et le pasteur Simon pria : « Père, nous te remercions pour la vie que tu nous as donnée. Nous te remercions pour la terre, le sol et les forêts que tu nous a donnés. Nous te remercions aussi d'avoir si bien enseigné Jean dans son école. Nous te demandons de l'utiliser pour aider les gens à restaurer la terre et à faire en sorte qu'elle produise beaucoup de vivres, à travers tout le pays. Donne-lui la sagesse de pouvoir enseigner aux gens à vivre la vie que Dieu veut qu'ils vivent. Fais de lui un bon serviteur, exactement comme a été ton Fils Jésus quand il est venu nous servir ».

Questions d'étude

1. *Comment l'obéissance à la Parole de Dieu et la connaissance de sa vérité nous rendent- elles réellement libres ?*

2. *Comment apprenons-nous la vérité de Dieu concernant l'agriculture ?*

3. *Que signifie pratiquer l'agriculture à la manière de Dieu ?*

4. *Comment le pasteur Simon l'a-t-il démontré ?*

5. *Comment pouvons mettre ensemble ce que nous apprenons de la science agricole, et ce que la Bible dit à propos de la terre et de l'agriculture ?*